2020 年度教育部第二批新工科研究与实践项目(E—TMJZSLHY20202137)资助
2021 年度中国地质大学(武汉)教学改革研究项目(2021G10)资助
2022 年度中国地质大学(武汉)教学改革研究项目(2022011)资助
2022 年度中国地质大学(武汉)教学改革研究项目(2022148)资助

地下工程新工科人才培养探索与实践

DIXIA GONGCHENG XINGONGKE
RENCAI PEIYANG TANSUO YU SHIJIAN

李雪平　焦玉勇　谭　飞　等著

图书在版编目(CIP)数据

地下工程新工科人才培养探索与实践/李雪平,焦玉勇,谭飞等著.—武汉:中国地质大学出版社,2024.10.—ISBN 978-7-5625-5875-0

Ⅰ.TU94

中国国家版本馆 CIP 数据核字第 202478H1J9 号

地下工程新工科人才培养探索与实践 李雪平 焦玉勇 谭飞 等著

责任编辑:郑济飞 责任校对:徐蕾蕾

出版发行:中国地质大学出版社(武汉市洪山区鲁磨路 388 号) 邮编:430074

电 话:(027)67883511 传 真:(027)67883580 E-mail:cbb@cug.edu.cn

经 销:全国新华书店 http://cugp.cug.edu.cn

开本:787 毫米×960 毫米 1/16 字数:264 千字 印张:13.5

版次:2024 年 10 月第 1 版 印次:2024 年 10 月第 1 次印刷

印刷:武汉中远印务有限公司

ISBN 978-7-5625-5875-0 定价:68.00 元

前言
PREFACE

随着长江经济带、京津冀协同发展、粤港澳大湾区、川藏铁路等一系列国家发展战略规划的启动与实施，我国地下工程建设进入了一个高速发展期，这给地下工程现有的勘察、设计、施工、装备及安全运维等方面带来了巨大的技术挑战。为主动应对新一轮科技革命与产业变革，2017 年 2 月以来，教育部积极推进新工科建设，先后形成了“复旦共识”“天大行动”和“北京指南”，并发布了《关于开展新工科研究与实践的通知》《关于推进新工科研究与实践项目的通知》，全力探索并形成领跑全球工程教育的中国模式、中国经验，以助力高等教育强国建设。围绕地下空间资源的可持续开发，突破单一学科研究的局限，开展多学科协作与协同创新，深入、广泛地探索地下空间开发利用的内在规律以及科学合理的方法和技术，将地下工程专业建设成适应需求的新工科专业，是迎接行业挑战的应对措施。

中国地质大学（武汉）地下工程专业教学历史悠久，一贯重视教学改革研究。在新工科建设背景下，培养地下工程专业人才，以适应行业高速发展的需求，一直是我们努力探索的目标和持续改进的动力。

2020 年，中国地质大学（武汉）工程学院地下空间工程系申报的“地下工程新工科人才培养实践创新平台建设探索与实践”项目获批国家第二批新工科研究与实践项目。围绕项目研究目标，为培养学生的工程实践能力、跨学科能力、创新能力、智能化应用能力和工程伦理能力，我们从课程体系设计、课程建设、实践教学建设、协同育人模式建设、创新创业教育实践、教学方法改革、师资人才培养和学生评价方式改革等方面开展了多维度的研究。本项目已于 2023 年底通过结题验收。

本书由中国地质大学(武汉)工程学院地下空间工程系组织专业教师和辅导员教师编著,以近年来地下工程专业人才培养的探索和实践为主要内容,也是“地下工程新工科人才培养实践创新平台建设探索与实践”项目的部分结题内容。全书共分九章,第一章新工科概述,由李雪平、左昌群编写;第二章地下工程行业现状和需求调查,由谭飞、焦玉勇编写;第三章课程建设及教学方法改革,由李雪平、张鹏、张美霞编写;第四章实践教学建设,由蒋楠、徐方、左昌群、程毅编写;第五章创新创业教育及实践,由文新编写;第六章课程思政建设,由徐方、焦玉勇编写;第七章师资队伍建设,由焦玉勇、邹俊鹏编写;第八章协同育人模式建设,由左昌群、郑飞、王焱编写;第九章地下工程人才培养质量评价及对策,由李雪平编写。全书由李雪平统稿。

本书内容旨在与同行沟通交流,以期共同进步。书中存在的疏漏或不足之处,恳请各位专家、学者批评指正。

目录
CONTENTS

第一章　新工科概述

第一节　新工科产生的背景

一、新工业革命及其对工程教育的要求

2016年世界经济论坛在瑞士达沃斯召开，以“掌控第四次工业革命”为主题，重点关注了新工业革命如何推动全球经济社会转型(朱正伟等，2017)。同年，施瓦布出版了《第四次工业革命》一书，并在达沃斯年会上指出世界正在迎接第四次工业革命的到来，第四次工业革命的主要特征是各项技术的融合，并将日益消除物理世界、数字世界和生物世界之间的界限，产生全新的技术能力，给政治、社会和经济体系带来巨大影响。为应对飞速发展的第四次工业革命，美国、德国、法国、中国等国先后提出了适应本国国情的新工业模型(刘霄枭和李红娟，2022)。

1. 美国：工业互联网

2008年，国际金融危机之后，美国意识到之前的“去工业化”导致了“产业空心化”问题。为了振兴经济，美国政府提出了制造业复兴计划，开展了“再工业化”战略。

2012年，美国通用电气公司(GE)在全球范围内首次提出“工业互联网”，它是工业革命带来的机器、设施、机群和系统网络方面的成果与互联网革命涌现出的计算、信息和通信系统方面的成果的融合。

2014年，美国5家巨型企业GE、IBM、Cisco、AT&T和Intel在波士顿宣布成立工业互联网联盟(IIC)，为进一步构建工业互联网平台打下了坚实基础。IIC共同推动工业互联网发展，强化工业互联网平台的服务能力。

2015年，IIC发布了工业互联网参考架构(IIRA)，系统性地界定了工业互联网的架构体系。2017年，IIC提出了工业互联网IIRA 1.8版，其中融入了新型工

业物联网(IIoT)技术、概念和应用程序,使业务决策者、工厂经理和IT经理能更好地从商业角度驱动IIoT系统开发。

工业互联网的本质是全球工业体系与由互联网促成的先进计算、分析、低成本传感和新水平的连接相互融合接轨。工业革命带来了新的设备、机器、工作站等,网络革命则使得信息技术、通信技术等迅猛发展,而工业互联网则集合了工业革命和网络革命的优点,打破了现有的技术壁垒,将智能制造与数字产业紧密结合。

无论是应对工业革命还是网络革命,工业互联网都对新时期的工程教育提出了新的要求,通过机器学习、大数据、物联网、机器与机器通信、信息网络系统等领域的综合,工业互联网要求工程人才具备某个工业领域的专门知识,同时也应具备网络通信、信息、大数据处理、工业自动化等领域的知识,即成为复合型人才。这种复合型的人才要求达到以下标准:理工知识与人文知识相结合;知识的深度和广度足够;能够快速实现知识更迭、演化;有整体、系统的观念;能够宏观建模分析和微观设计实现;能够整合各领域知识并解决问题。

2.德国:工业4.0

2013年4月,德国机械及制造商协会等机构设立工业4.0平台,并向德国联邦政府提交了平台工作组的最终报告《保障德国制造业的未来——关于实施工业4.0战略的建议》,被德国政府采纳。"工业4.0"计划被认为是德国旨在支持工业领域新一代革命性技术的研发与创新,实现德国政府2011年11月公布的《高技术战略2020》目标,打造基于信息物理系统的制造智能化新模式,巩固全球制造业龙头地位和抢占第四次工业革命国际竞争先机的战略导向。

该计划力图在德国现有的雄厚制造能力基础上,在制造系统中引入信息物理系统(CPS)理论和技术体系,实现人、物、服务的互联,并最终形成工业4.0特有的价值链体系。该计划以德国自身强大的制造能力、先进的CPS技术为支撑,融合德国教育体系,从而构建具有鲜明德国特色的信息物理制造系统,进而擘画出贯穿工业4.0价值链体系的"战略政策支持、产品市场、技术体系引导、人才培养"四位一体的智能制造发展蓝图。

2015年,德国联邦政府宣布正式启动升级版的工业4.0平台。该平台旨在识别制造领域所有相关的趋势和发展,结合各种输入因素,然后在整体性高维度提升对工业4.0的阐述和实践指导能力。

为培养工业4.0所需的人才,德国联邦政府认为应该实施促进学习、发展终身学习以及把工作场所作为持续的职业发展场地等计划。当前，德国联邦政府和州政府设立的研究所、大学都已参与到工业4.0的技术开发、标准制订和人才培养体系等工作中，主要在实现跨学科交流与合作以及建立企业与高校之间的培训伙伴关系两个方面开展了大量的工作。同时，在一些极富创造性的商业领域，如跨学科产品和过程的开发，通过促进学习和实施适当培训的方式，在制造业领域实现以人为本的理念，促使企业认真思考员工在教育、经验和技能集合上的差异，从而增强个人和企业双方的创新能力。此外，以促进学习的方式组织工作也是达成终身学习目标的关键。

3. 法国：新工业法国Ⅰ—Ⅱ

面对“去工业化”而来的工业增加值和就业比例的持续下降，法国政府意识到“工业强则国家强”，于是在2013年9月推出了“新工业法国”战略，旨在通过重塑工业实力，使法国重回全球工业第一梯队。该战略是一项10年期的中长期规划，主要目的是解决能源、数字革命和经济生活三大问题。该战略共包含34项具体计划，包括可再生能源、环保汽车、充电桩、蓄电池、无人驾驶汽车、新一代飞机、重载飞艇、软件和嵌入式系统、新一代卫星、新式铁路、绿色船舶、智能创新纺织技术、现代化木材工业、可回收原材料、建筑物节能改造、智能电网、智能水网、生物燃料和绿色化工、生物医药技术、数字化医院、新型医疗卫生设备、食品安全、大数据、云计算、网络教育、宽带网络、纳米电子、物联网、增强现实技术、非接触式通信、超级计算机、机器人、网络安全、未来工厂。

2015年5月18日，法国政府对“新工业法国”战略进行了大幅调整，此次调整称为“新工业法国Ⅱ”战略。该战略标志着法国“再工业化”开始全面学习德国工业4.0(王喜文，2015)。此次调整的主要目的在于优化国家层面的总体布局，解决“新工业法国Ⅰ”中优先项目过多，在一定程度上导致了核心产业发展动力不足、主攻方向不明确的问题。此次调整后，法国“再工业化”的布局优化为“一个核心，九大支点”。“一个核心”就是所谓的“未来工业”，主要内容是实现工业生产向数字化、智能化转型，以生产工具的转型升级带动商业模式转型。“九大支点”包括新资源开发、可持续发展城市、环保汽车、网络技术、新型医药等，一方面旨在为“未来工业”提供支撑，另一方面重在满足人们日常生活的新需求。

法国的高等工程教育属于精英教育体制，具有选拔严格、重视实践、专业交叉等特点，实行“严进严出”的选拔淘汰机制。法国高等工程教育同产业界保持密切的联系，在工程教育目标的设计层面，充分融入产业发展元素。在高等工程人才培养层面,重视与工业企业的合作,以企业需求为导向,课程由学校和企业共同制定,并从企业高层中聘请具有实践背景的专家参与学生培养和指导(李锋亮和吴帆,2021)。

近年来,法国高等工程教育为了提高自身的国际竞争力,开始主动推进国际化的合作项目,比如在高等工程教育机构的排名中开始注重国际化排名。此外,大量高等工程教育机构开始要求学生必须有国际交流的经历,或者在世界其他国家的学校进行交流或在国际企业实习的经历。

4. 中国:《中国制造 2025》

新一代信息技术与制造业的深度融合,正在引发影响深远的产业变革,形成新的生产方式、产业形态、商业模式和经济增长点。全球产业竞争格局正在发生重大调整,我国在新一轮发展中面临巨大挑战。国际金融危机发生后,发达国家纷纷实施“再工业化”战略,重塑制造业竞争新优势,加速推进新一轮全球贸易投资新格局。一些发展中国家也在加快谋划和布局,积极参与全球产业再分工,承接产业及资本转移,拓展国际市场空间。我国制造业面临发达国家和其他发展中国家“双向挤压”的严峻挑战,为应对挑战,2015 年 5 月 19 日,国务院发布了《关于印发〈中国制造 2025〉》的通知》(国发〔2015〕28 号),明确了打造制造强国的路线图。

《中国制造 2025》作为我国制造强国建设三个十年“三步走”战略的第一个十年行动纲领,重点对第一个十年的目标、任务进行了具体的部署。其总体思路是坚持走中国特色新型工业化道路,以促进制造业创新发展为主题,以提质增效为中心,以加快新一代信息技术与制造业融合为主线,以推进智能制造为主攻方向,力图实现制造业由大变强的历史跨越。

为推动智能制造发展,中华人民共和国工业和信息化部(简称工信部)会同其他有关部门共同制定了《智能制造工程实施指南》,也开展了智能制造标准体系建设及智能制造试点示范的专项行动。

2016 年 12 月 7 日,世界智能制造大会在南京正式开幕,工信部在会上发布了《智能制造发展规划(2016—2020 年)》。该规划提出实施“两步走”战略推动制造向智能化转型,并提出了发展智能制造装备,加强关键共性技术创新,建设智能制造标准体系,构筑工业互联网基础,加大智能制造试点示范推广力度,推动重点领域智能转型,促进中小企业智能化改造,培育智能制造生态体系,推进区域智能制造协同发展和打造智能制造人才队伍十大重点任务。

2021年12月21日，工信部、国家发展和改革委员会、教育部、科技部、财政部、人力资源和社会保障部、国家市场监督管理总局、国务院国有资产监督管理委员会八部门联合印发《“十四五”智能制造发展规划》（简称《规划》）。《规划》提出“两步走”目标：到2025年，规模以上制造业企业大部分实现数字化网络化，重点行业骨干企业初步应用智能化；到2035年，规模以上制造业企业全面普及数字化网络化，重点行业骨干企业基本实现智能化。

随着国际形势和国家制造战略的提出，传统的工程人才培养理念已经难以适应这种新要求。培养一批高素质的新型工程制造人才，为制造业的转型升级提供人才支撑是时代所需。深化工程类人才培养模式改革，培养能够领衔我国制造业未来发展的高新技术复合型人才是对工程教育提出的新的要求，“新工科”应势而生。

二、我国高等工程教育发展历程

1. 新工科前发展阶段

随着我国社会经济建设的发展，高等工程教育从重技术、重科学，逐步发展为重工程实践。1895—1952年，我国的有识之士在科学技术救国思想的推动下，移植英美国家的办学模式，创办了21所现代大学，设理科、工科和法科等，并在此基础上突出工科，服务国防和工业建设（刘沛清，2013）。1952—1978年，我国处于以农业为主导的工业建设时期，在计划经济体制下，国家急需工程技术型人才，所以，当时我国的高等工程教育模式主要学习苏联的学科专业分类，培养专业技术型人才。

1978—2005年，我国处于以农业为主向以工业为主的转型期，在市场经济体制下，受到科学技术对生产、生活及思维方式的影响，我国的高等工程教育模式由工程技术型转向工程科学型，各大学按学科分类办学，该模式的特点是知识结构单一，突出对基础科学研究型人才的培养。2006—2016年，我国进入以信息化引领带动工业化的发展期，国家对人才的需求由工程科学型转向工程实践型，高等工程教育模式在重视基础科学、宽口径、学科交叉融合的基础上，突出集成创新实践能力的培养以及复合型人才的培养。同时，在培养过程中，遵循工程教育要服务国家发展的战略，重视与工业界的密切合作，重视学生综合素质和社会责任感的提升，重视对工程人才国际视野的培养。在此培养理念之下，高等工程教育强调以产品研发到产品运行的生命周期为载体，使学生主动地实践学习，通过在课程之间构建有机联系的方式提升效果，特别重视学生在工程基础知识、个人能力、团队协作能力和工程系统集成能力等方面的培养。

2. 新工科建设阶段

现阶段，全球进入第四次工业革命，它是以人工智能、清洁能源、机器人技术、量子信息技术、虚拟现实以及生物技术为主的全新技术革命。工业 4.0 的到来，引发的不仅是经济转型，同样还有教育变革。

教育兴则国家兴，教育强则国家强。在世界新一轮科技革命和产业革命的背景下，各国抓住机遇制定战略，出台工程教育改革政策与措施，为培养人才作出部署。国内供给侧改革以及高等教育发展也到了转折点，在这一历史机遇期，新技术创新和新兴产业发展急需复合型、创新型人才。面对如此迫切的形势，2016 年习近平总书记指出，“我们对高等教育的需要比以往任何时候都更加迫切，对科学和卓越人才的渴求比以往任何时候都更加强烈。”人才作为第一大资源必须为中国发展提供强劲动力，新工科的出现势在必行。

2017 年 2 月 18 日，教育部在复旦大学召开高等工程教育发展战略研讨会，与会高校代表对新时期工程人才培养进行了讨论，探讨了新工科的内涵特征、新工科建设与发展的路径选择。会议达成了如下共识（简称“复旦共识”）：①我国高等工程教育改革发展已经站在新的历史起点；②世界高等工程教育面临新机遇、新挑战；③我国高校要加快建设和发展新工科；④工科优势高校要对工程科技创新和产业创新发挥主体作用；⑤综合性高校要对催生新技术和孕育新产业发挥引领作用；⑥地方高校要对区域经济发展和产业转型升级发挥支撑作用；⑦新工科建设需要政府部门大力支持；⑧新工科建设需要社会力量积极参与；⑨新工科建设需要借鉴国际经验、加强国际合作；⑩新工科建设需要加强研究和实践。

2017 年 4 月 8 日，教育部在天津大学召开新工科建设研讨会，60 余所高校代表共商新工科建设的愿景与行动，公布《新工科建设行动路线》（简称“天大行动”），该行动具体内容包括：①探索建立工科发展新范式；②问产业需求建专业，构建工科专业新结构；③问技术发展改内容，更新工程人才知识体系；④问学生志趣变方法，创新工程教育方式与手段；⑤问学校主体推改革，探索新工科自主发展、自我激励机制；⑥问内外资源创条件，打造工程教育开放融合新生态；⑦问国际前沿立标准，增强工程教育国际竞争力。

与会代表一致认为，培养造就一大批多样化、创新型卓越工程科技人才，为我国产业发展和国际竞争提供智力和人才支撑，既是当务之急，也是长远之策。

2017年6月9日，教育部在北京召开"新工科"研究与实践专家组成立暨第一次工作会议，全面启动、系统部署新工科建设。30余位来自高校、企业和研究机构的专家深入研讨新工业革命带来的时代新机遇，聚焦国家新需求，谋划工程教育新发展，审议通过了《新工科研究与实践项目指南》（简称"北京指南"），提出新工科建设指导意见。"北京指南"的具体内容包括：①明确目标要求；②更加注重理念引领；③更加注重结构优化；④更加注重模式创新；⑤更加注重质量保障；⑥更加注重分类发展；⑦形成一批示范成果。

2018年3月，教育部办公厅印发《关于公布首批"新工科"研究与实践项目的通知》，公布了首批认定的612个新工科研究与实践项目名单，高校新工科建设步入实施阶段。2020年10月，教育部办公厅印发《关于公布第二批新工科研究与实践项目的通知》，公布了第二批845个新工科研究与实践项目，其中，新工科综合改革类项目273个，新工科专业改革类项目572个，分为29个项目群。

从"复旦共识""天大行动"到"北京指南"，标志着高等工程教育改革进入到新工科建设时代。新工科建设是高等教育领域主动应对新科技革命和产业变革的战略行动，作为"卓越工程师教育培养计划"2.0的核心内容和主要抓手，新工科建设代表了新时代工程教育改革的新方向。新工科建设指向要求我国高等工程教育必须承接包括且不限于以下方面的使命担当：新工科学科建设、专业建设和相关卓越工程高层次人才培养，满足于国家和区域经济社会发展、产业升级优化等最新的产业或行业发展要求等（陈聪诚，2019）。

第二节　新工科的内涵和特征

一、新工科的内涵

《关于开展"新工科"研究与实践的通知》对新工科的研究内容概括为"五新"，即"工程教育的新理念、学科专业的新结构、人才培养的新模式、教育教学的新质量、分类发展的新体系"。各方学者对新工科的内涵界定不一，总的来说，新工科指新的工科形态，是对工科注入新的内涵，以适应新经济发展需要而产生的工科新形态。

林健(2017)从学科的角度厘清了新工科的内涵,他认为在新工科建设中的"新"包含三方面的涵义,即新兴、新型和新生。"新兴"指全新出现、前所未有的新学科,主要指其他非工科的学科门类,如应用理科等一些基础学科,孕育、延伸和拓展出来的面向未来新技术和新产业发展的学科。这些学科不仅孕育了一批以新能源、新材料、生物科学为代表的新技术,而且催生了一批如以光伏、锂离子电池和基因工程为代表的新产业。"新型"指的是对传统的、现有的(旧)学科进行转型、改造和升级,包括对内涵的拓展、培养目标和标准的转变或提高、培养模式的改革和创新等而形成的新学科。"新生"指的是由不同学科交叉,包括现有不同工程学科的交叉复合、工程学科与其他学科的交叉融合等而产生出来的新学科。

钟登华(2017)从人才培养的角度提出新工科的内涵:以立德树人为引领,以应对变化、塑造未来为建设理念,以继承与创新、交叉与融合、协调与共享为主要途径,培养未来多元化、创新型卓越工程人才。新工科中的"新"的内涵从理念新、要求新和途径新 3 个层面来理解。

1. 理念新

理念是行动的先导,是发展方向和发展思路的集中体现,新工科建设应以理念的率先变革带动工程教育的创新发展。

(1)新工科更加强调积极应对变化。创新是引领发展的第一动力,创新的根本挑战在于探索不断变化的未知。新工科需积极应对变化,引领创新,探索不断变化背景下的工程教育新理念、新结构、新模式、新质量、新体系,培养能够适应时代和未来变化的卓越工程人才。

(2)新工科更加强调主动塑造世界。工程教育直接把科学技术同产业发展联系在了一起,工程人才和工程科技成为改变世界的重要力量。因此新工科应走出"适应社会"的观念局限,主动肩负起造福人类、塑造未来的使命责任,成为推动经济社会发展的革命性力量。

2. 要求新

新工科作为一种新型工程教育体系,它对人才的培养提出了更高的要求。

(1)人才结构新。工程人才培养结构要求多元化。一方面,当前我国产业发展不平衡,工程人才需求复杂多样,必须健全与全产业链对接的从研发、设计、生产、销售到管理、服务的多元化人才培养结构;另一方面,从工程教育自身来讲,应根据对未来工程人才的素质能力要求,重新确定专、本、硕、博各层次的培养目标和培养规模,进而建立起以人口变化需求为导向、以产业调整为依据的工程教育转型升级供给机制。

(2)质量标准新。工程人才培养质量要求面向未来,未来的工程人才培养标准强调以下核心素养:家国情怀、创新创业、跨学科交叉融合、批判性思维、全球视野、自主终身学习、沟通与协商、工程领导力、环境和可持续发展、数字素养。

3. 途径新

从某种意义上说,新工科反映了未来工程教育的形态,是与时俱进的创新型工程教育方案,需要新的建设途径。

(1)继承与创新。通过人才培养理念的升华、体制机制的改革以及培养模式的创新应对现代社会的快速变化和未来不确定的变革挑战。

(2)交叉与融合。交叉与融合是工程创新人才培养的着力点,是重大工程科技创新的突破点。

(3)协调与共享。协调推动新工科专业结构调整和人才培养质量提升。

二、新工科的特征

新工科的内涵决定了新工科的特征,新工科具如下特征。

(1)战略型。新工科不仅强调问题导向,更强调战略导向。新工科建设必须站在战略全局的高度,以战略眼光和战略思维加快理念转变,深化教育改革,既要为支撑传统产业转型升级等的需要培养人才,又要为支撑新型产业培育发展等的未来需求培养人才。

(2)创新性。创新是工程教育发展的不竭动力。新工科建设要将经济社会发展需求体现在人才培养的每个环节,围绕产业链和创新链,从建设理念、建设目标、建设任务、建设举措等方面进行创新性变革,重塑工程教育,而不是旧范式下细枝末节的修补。

(3)系统化。新工科建设是一个系统工程。首先需要从系统的角度积极回应社会的变化和需求,并将培育发展新工科和改造提升传统工科作为一个系统,设计一个教育、研究、实践、创新创业的完整方案,为工程教育改革发展不断提供新动力。

(4)开放式。新工科教育是更高层次的开放式工程教育。应以开放促改革、促创新,对外加强国际交流与合作,对内促进工程教育资源和教育治理的开放,加快形成对外开放和对内开放深度融合的共建共享大格局。

第三节 新工科的框架

一、新工科教育的实施主体

在实践中,新工科教育体系的实施载体主要包括政府(教育行政部门)、高校(教师、学生等)、社会(企业、行业协会、学会等)及若干利益相关者,它们共同构成了新工科教育的主体体系。

1. 政府是新工科教育的主导

(1)政府为新工科教育提供制度基础。2017 年被称为"新工科教育元年",教育部高等教育司印发《关于开展"新工科"研究与实践的通知》,组织工科优势高校、综合性高校和地方高校围绕"五新"开展研究和实践,对新工科教育的内容、对象、主体等进行了明确界定。2018 年 9 月,教育部、工信部、中国工程院联合发布了《关于加快建设发展新工科实施卓越工程师教育培养计划 2.0 的意见》,从理念、机制、模式、方法、技术、标准和文化等层面对新工科教育作出明确规定,为新工科教育结构的形成和优化奠定了扎实的制度基础。

(2)政府为新工科教育提供宏观指导。系统考察新工科产生、发展和深化的历程,从教育的角度而言,新工科是因时而新、快速迭代、持续创新的工程教育改革,具有专业性、综合性和迭代性等基本特征。从其基本属性而言,新工科教育具有特定的主体、对象,并呈现出相对稳定的特征。新工科教育涉及教育教学的全要素、全链条、全周期,教师、学生、专业、课程、条件、环境、质保等是支撑新工科教育开展的基本教学要素。随着教育治理体系和治理能力现代化进程的不断加快,现代大学制度和教育评价制度不断健全,政府职能不断转变,通过教育管办评分离激发教育活力成为新趋势。政府在新工科教育过程中,应充分发挥其优势,从资源、条件、文化等方面创造适宜的宏观政策环境,给予高校更多自主权,充分发挥高校首创精神,形成自上而下和自下而上双向发力的格局。

(3)政府为新工科教育提供规则体系。新工科教育因其专业性、综合性、迭代性等基本特征,在具体的进程中,呈现出类型多样、主体多元、布局分散、线程较长等难题,必须有一套多方共同遵守的制度规则,形成科学的结构,才能实现新工科教育的"善治"。政府为新工科教育提供一套多方认可并共同遵循的规则体系，这套规则体系可以是正式的制度法规、条例办法，也可以是非正式的公序良俗。当前，政府主导的新工科教育“三部曲”，提供了新工科教育的基本规则体系，奠定了中国新工科教育的基本格局。

2. 高校是新工科教育的基本主体

(1)教师是新工科教育的关键要素。教育大计，教师为本，教师是全面提高教育教学质量的关键要素。教师是新工科教育的基本推动者和落实者，是新工科教育中的关键一环。可以说，新工科教师队伍建设直接关系到新工科教育水平。教师既是教育的对象，又是教育教学活动的主体。教师参与教育的行为受诸多因素影响，且对教育教学运行的效率和质量产生重要影响力(Brown，2011)。在行政化与学术化不断权衡发展的过程中，教师的学术自主权得到长足发展(Christensen，2011)。当前，在新工科教育过程中，要探讨新工科师资能力框架、教师发展与评价激励机制，重点探索符合工程教育特点的教师的任职要求、考核与评价标准、发展机制等，结合高校定位和学科专业特点，探索与新工科相匹配的师资队伍建设路径。

(2)学生是新工科教育的核心要素。高校立身之本在于立德树人，在教育过程中，作为“树人”的主要对象——学生的有效参与至关重要。联合国《21世纪的高等教育：展望与行动世界宣言》提出，国家和高等院校的决策者应将学生及其需要作为关心的重点，并将他们视为高等教育改革的主要的和负责的参与者(赵中建，1998)。学生的学习获得感应是工程教育评价的核心评价指标，学生对工程教育质量最有发言权，理应成为工程教育质量评价主体，通过学生评价，能够直观了解工程教育质量状况，及时发现问题，找出应对之策(吴岩，2014)。这实际上凸显了学生的中心地位。新工科教育成效的最终判断标准应围绕人才培养的成效来构建，应将立德树人的成效即学生培养质量作为新工科教育的根本判断标准。新工科教育体系构建与模式创新要坚持“以学生发展为中心”，教师的教学、学生的学习管理都要围绕这个中心进行设计。

(3)学科专业、课程教材是新工科教育的基本载体。学科是学术发展的组织依托和学术管理的基本单元，学科体系是由若干有内在关联的学科构成的知识体系。专业是人才培养的基本单元，在高等教育中具有基础性、全局性、战略性地位。课程是人才培养的核心要素，教材是育人育才的重要依托。应该说，人才培养是以学科专业、课程体系、教材为基本载体，向社会供给人才的过程。具体到新工科教育过程中，要协同好学科专业、课程教材等教育教学要素并形成合力，打造工程教育的“新内容”，以适应快速发展的新技术和产业界新需求。

3. 社会力量是新工科教育的重要协同主体

（1）社会力量的有效参与是新工科教育不可或缺的基本要义。作为第三方力量，它们能够利用自身资源、资金和技术等独特的关键性资源为教育或大学提供支持，有效弥补教育或大学自身的缺陷（Barney，2001）。从一般教育或大学角度而言，在政府、高校之外，社会力量包括行业企业、科研院所、非政府组织或非营利组织等外部组织，这些组织的参与是不可或缺的（段晖等，2017）。在当前经济社会发展条件下，第三方力量有效参与新工科教育既需要政府以强化和重视政策创设为基础，以倡导和推动公共服务社会化运营为路径，也需要大学以扩大开放性为条件，以建构合作机制为依托（骆聘三，2018），协同打造社会力量参与新工科教育的实践环境。当前，发达国家普遍重视社会组织在教育中的作用。如韩国的“影子教育”、日本的“产学连携”制度等，都体现了社会力量在大学特别是新工科教育中的深度协同作用，并集中体现在产学深度合作上。

（2）社会力量在新工科教育中的协同主体地位及功能。新工科人才供给侧与需求侧之间的平衡、沟通、反馈、协调等诸多活动，是通过社会力量作为桥梁纽带来完成的。社会力量在新工科教育过程中的协同主体地位，不但体现在作为新工科人才的需求主体，还体现在人才需求预测、职业能力评价等独特功能上。基于此，在新工科教育过程中，社会力量还是新工科人才培养的直接参与者，参与人才培养方案制订、课程体系建设、工程环境提供等人才培养重要环节。其中，产学合作即产业界与学界的良性互动，是社会力量体现新工科教育协同主体地位及功能的核心路径。近年来，随着国际上产学合作研究的不断深入，我国的产学合作研究与实践也逐步深化。从国家制度层面，党的十九大报告中提出，要深化产教融合、校企合作，实现高等教育内涵式发展。2017 年，国务院办公厅印发《关于深化产教融合的若干意见》，提出深化产教融合，促进教育链、人才链与产业链、创新链有机衔接。2020 年 1 月，教育部办公厅印发《教育部产学合作协同育人项目管理办法》，以产学合作协同育人项目为载体，深入推进产学合作协同育人。从产学合作的内容而言，工程技术是其主要领域。新工科教育作为工程教育改革的前沿领域，基本原则是“三个面向”，即面向工业界、面向世界、面向未来，更加注重产业需求导向，产学合作成为企业、行业协会、行业学会等社会力量协同参与新工科教育的核心路径。

二、新工科教育共同体建构与行动框架

新工科教育是一项庞杂的系统工程，涉及人才培养的各个要素、阶段和环节。要达成新工科教育目标，必须通过全面开放的组织形态，构建新工科教育共同体，协同好多元主体并将其角色规范效能最大化。

1. 新工科教育共同体的功能定位

教育共同体是指基于一致的教育信仰，为了共同的教育目标，在培养人的社会实践活动中形成的有责任感的个体联合，或称之为教育者共同主体形态。

在新工科教育领域，共同目标的实现和集体行动的达成，任何一个主体都是难以独立完成的，需要多元主体之间相互依赖。新工科教育是一项涉及多元主体集体行动的复杂系统工程。新工科教育效能的发挥依赖于行为者的互动。为此，多元主体之间必须通过沟通、协调、妥协等多种途径，实现信息的交互、资源的交换和共同目标的达成，这是一个持续的复杂过程，受到政策、环境、资源和条件等多重因素的交互影响。新工科教育作为国家基本公共服务的重要领域之一，共同体建构成为必然选择。

从功能定位的角度而言，新工科教育共同体是新工科教育主体体系的若干主体，基于"与未来合作"的核心价值理念和"塑造未来"的目标，呈现出群体关系形态、积极协同的结合关系、对内对外发挥效能的基本特征。在自主、自立、协商、开放、共享的基础上，形成的相对稳定的群体关系形态，推动新工科教育内外部的各种关系持续优化，致力于新工科教育效能最大化，推进新工科教育体系和能力现代化。

2. 新工科教育共同体的行动框架

(1)新工科教育共同体行动框架的建构维度。新工科教育共同体行动框架的建构因时因地制宜。从时间维度来讲，高等教育在不同发展阶段呈现出不同的类型特征；从空间维度而言，高等教育区域发展模式的差异影响共同体行动框架建构的模式选择。根据我国国情，新工科教育共同体行动框架的建构应遵循"政府主导—科教自主—产业驱动"模式，主要体现在主体构成、价值结构、类型体系与内外部关系 4 个维度(表 1-1)。从具体内容而言，新工科教育共同体行动

表 1-1 新工科教育共同体行动框架的建构维度

序号	分析维度	模式选择
1	主体构成	政府、高校、社会力量构成新工科教育的主体体系
2	价值结构	以“与未来合作”为核心价值理念形成价值结构
3	类型体系	价值理念、培养模式、机制和效能的差异
4	内外部关系	完善体系、创新模式、协同多元主体、应对全球挑战

框架的“政府主导—科教自主—产业驱动”模式又体现为“三五四二”行动框架（图 1-1）。

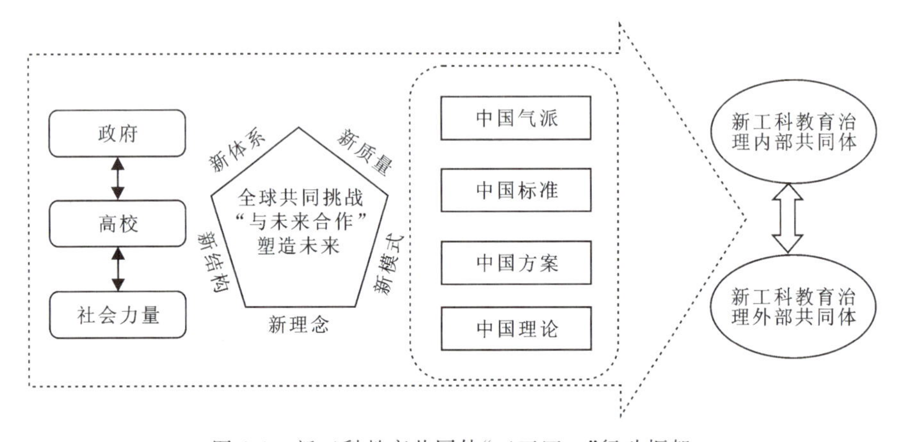

图 1-1 新工科教育共同体“三五四二”行动框架

“三五四二”行动框架，即“三位一体主体构成、五位一体价值结构、四方面类特征、两层面共同体主动适应并良序互动”。在主体体系维度上，政府、高校（教师、学生以及专业、课程等载体）、社会力量（企业、非政府组织等）构成三位一体的稳定结构；在价值结构维度上，坚持以“与未来合作”为核心价值理念构建的新理念、新结构、新模式、新质量、新体系五大基本价值，并将教育教学的新内容贯穿其中；在体系特征维度上，从价值理念、培养模式、机制、效能 4 个方面呈现出鲜明的中国新工科教育体系的类特征，体现新工科教育的中国气派、中国标准、中国方案和中国理论；在内外部关系维度上，新工科教育共同体建构侧重于内外部两个共同体的双向构建。新工科教育主体体系为建构新工科教育共同体奠定了扎实的组织基础。新工科教育共同体可以按照内外部关系来建构其基本行动框架。

(2)新工科教育共同体的内外部行动框架。新工科教育共同体“三五四二”行动框架是基于中国新工科教育情境做出的一般性建构,具有可适应性、可拓展性的优势,既可以在研究型高校整体实施,又可以在应用型高校实施;既可以在“双一流”高校实施,又可以在地方高校实施。高校是新工科教育的基本主体,可以在政府的主导和支持下,面向国家重大战略和区域经济社会发展需求,根据自身办学基础、办学特色、办学定位和未来发展规划,灵活实施该行动框架。

一方面,优化新工科教育共同体内部行动框架。新工科教育首先是教育系统内部的事情,主要涉及政策逻辑与知识逻辑之间的良性互动,主要指政府与高校(包括教师、学生等多元主体)之间的互动关系。新工科教育政策供给的系统性与自洽性,高校充分发挥教师参与新工科教育的关键作用并对之进行有效激励,学生参与新工科教育的主客体双重作用机制,高校与地方政府之间的良性互动等成为新工科教育内部共同体的基本行动框架。2019 年 4 月,教育部联合中央 13 个部门和单位召开“六卓越一拔尖”计划 2.0 启动大会,并正式成立“全国新工科教育创新中心”,教育部部长陈宝生为中心揭牌。“全国新工科教育创新中心”在新工科教育政策研究与供给、新工科教育教学专题交流培训、新工科教育资源汇聚等方面发挥独特的共同体作用,成为统筹推动新工科教育的重要力量。

另一方面,拓展新工科教育共同体外部行动框架。教育的基本属性是社会公益事业,工程教育具有高度的当下介入性,与产业联系更为紧密。在全球“新工科运动”深入发展的背景下,新工科教育要唤醒人类的本性和公民的全球责任意识,建构主体间对话与理解的教育行动方式,以共享发展的理念,促进教育国际合作交流(冯建军,2018)。产业界全周期参与新工科教育的机制与模式,诸多利益相关者对新工科教育的广泛、深入、有效参与以及全球新工科教育的有效推进成为新工科教育外部共同体的基本行动框架。

此外,在人类命运共同体的宏观背景下,新工科教育成为一项重要的全球课题。构建协同历史与当代、国际与国内多重力量的新工科教育共同体,是推动新工科教育效能最大化的必然选择。

由此可见,新工科教育体系规定着新工科教育主体体系的构成及各主体的角色。在新工科教育体系中,政府是主导,提供坚实的制度基础、宏观指导和规则体系,政府应加强管办评分离,科学确定职能边界、持续优化服务职能并不断强化质量保障;高校是基本主体,教师是新工科教育治理的关键要素,学生是核心要素,学科专业和课程教材是其基本载体,高校的类型层次划分奠定了新工科教育分类发展的格局;社会力量是重要协同主体,产学深度协同是社会力量有效参与的核心路径,要以产业需求为基本导向调适政策机制,以深度融合为政策工具推进新工科教育供给侧结构性改革,以可持续合作为原则推动形成政策长效机制。建构新工科教育共同体,以最优的关系模式协同好各主体,将其角色规范效能最大化,是新工科教育体系现代化的要义所在。新工科教育共同体行动框架的建构,应遵循“政府主导—科教自主—产业驱动”模式,并从主体体系、价值结构、体系特征与内外部关系 4 个维度体现“三五四二”行动框架。

主要参考文献

陈聪诚.新中国高等工程教育改革发展历程与未来展望[J].中国高教研究,2019(12):42-48,64.

段晖,刘杰,王丹.我国地方教育公共治理的社会网络分析:基于上海浦东“教育委托管理”案例的研究[J].中国行政管理,2017(5):60-67.

冯建军.推动构建人类命运共同体:教育何为[J].教育研究,2018,39(2):37-42,57.

李锋亮,吴帆.全球高等工程教育的变革[R/OL].(2021-03-04)[2023-03-20]https://news.gmw.cn/2021-03/04/content_34658313.htm.

李华,胡娜,游振声.新工科:形态、内涵与方向[J].高等工程教育研究,2017(4):16-19,57.

李贞玉,曹永利,杨旭东,等.高校新工科的内涵、特征及发展需求[J].科教导刊(中旬刊),2019(26):1-2.

林健.面向未来的中国新工科建设[J].清华大学教育研究,2017,38(2):26-35.

刘坤,陈通.新工科教育治理:主体构成与框架建构[J].教育科学,2020,36(4):63-69.

刘沛清.世界高等工程教育发展与我国高等工程教育改革[J].世界教育信息,2013,26(15):16-18.

刘霄枭,李红娟.美、德、中工业互联网发展模式概述[R/OL].(2022-08-24)[2023-03-20]http://www.iii.tsinghua.edu.cn/info/1121/3169.htm.

骆聘三.内涵式发展视角下大学治理创新的关键议题与实践路径[J].湖北社会科学,2018(12):155-160.

孙英浩,谢慧.新工科理念基本内涵及其特征[J].黑龙江教育(理论与实践),2019(Z2):11-15.

王武东,李小文,夏建国.工程教育改革发展和新工科建设的若干问题思考[J].高等工程教育研究,2020(1):52-55,99.

王喜文.《新工业法国》从Ⅰ到Ⅱ[R/OL].(2015-07-09)[2023-01-04]http://intl.ce.cn/specials/zxgjzh/201507/09/t20150709_5891275.shtml.

吴爱华,侯永峰,杨秋波,等.加快发展和建设新工科 主动适应和引领新经济[J].高等工程教育研究,2017(1):1-9.

吴岩.高等教育公共治理与"五位一体"评估制度创新[J].中国高教研究,2014(12):14-18.

张孟芳,张安富."中国制造2025"对高等工程教育提出的新要求及其应对[J].黄冈师范学院学报,2018,38(4):49-54.

赵中建.21世纪世界高等教育的展望及其行动框架:世界高等教育大会概述[J].上海高教研究,1998(12):4-11.

钟登华.新工科建设的内涵与行动[J].高等工程教育研究,2017(3):1-6.

朱正伟,周红坊,李茂国.面向新工业体系的新工科[J].重庆高教研究,2017,5(3):15-21.

BARNEY J B. Resource-Based Theories of Competitive Advantage: A Ten-year Retrospective on the Resource-Based View[J]. Journal of Management, 2001(6):643-650.

BROWN W O. Faculty Participation in University Governance and the Effects on University Performance [J]. Journal of Economic Behavior & Organization, 2011(2):129-143.

CHRISTENSEN T. University Governance Reforms: Potential Problems of More Autonomy? [J]. Higher Education, 2011(4):503-517.

第二章 地下工程行业现状和需求调查

人类经过不断探索研究和工程实践，对采用隧道与地下工程解决人类生存与地面环境矛盾的认识越来越深刻。近年来，我国的高铁、公路、水利水电、城市地铁、综合管廊、城市地下空间、能源洞库等得到井喷式的发展，中国已成为地下工程发展最快的国家之一。“十三五”期间，我国铁路、公路、地铁隧道新增运营里程分别达到6592km、9 315.4km、3 622.8km。截至2021年底，我国铁路隧道、公路隧道、地铁隧道累计运营里程分别达到21 055km、24 698.9km、7 253.73km，相比“十三五”期间，分别同比增长约219%、165%、100%。当前我国已经成为涵盖特长及复杂隧道、水下及深埋隧道、复杂环境城市隧道、特大断面隧道及洞室在内的世界上隧道及地下工程建设规模最大、建设速度最快，且地质条件最复杂、建设难度最大的国家，工程建设类型丰富且规模庞大，教育、科研、技术与装备发展极为活跃和快速。

第一节 地下工程概述

地下工程是现代公路、铁路、城市地铁、水电工程、城市地下空间建设中的重要组成部分，在现代综合交通运输体系建设、地下空间开发利用中发挥着越来越重要的作用。地下工程学科以服务工程建造为目标，围绕基础理论、技术方法、装备与材料，进行系统性、针对性的科学研究，进而构建本学科的理论、方法、技术体系。地下工程学科结合工程实践的需要，具有从事应用基础科学研究的明显特点，研究成果既推动了学科基础理论的发展，又直接为生产实践服务。

近年来，随着我国社会与经济的飞速发展，我国隧道及地下工程发展迅猛，特别是随着高速公路和高速铁路项目的修建，隧道工程呈现出建设标准高、速度快、长度长、断面大、地质条件复杂、工期短等显著特点，并且高海拔、大埋深、高岩温、强富水、挤压性围岩和不良气体等隧道逐渐增多，城区复杂环境隧道和跨越江海的水下隧道也呈快速增长之势。这些隧道工程的建设对修建技术提出了很大的挑战，也给学科发展带来了难得的发展机遇。我国隧道及地下工程学科的进展体现在以下5个方面。

1. 我国正由隧道建设大国向隧道建设强国迈进

经过几十年几代建设者的不懈努力，我国的隧道及地下工程修建水平已跻身国际先进行列。在铁路隧道修建长度方面，我国已经成功修建了11座20km以上的交通隧道，最长的已建隧道是32.69km的青藏铁路新关角隧道；在建长度超过20km的隧道有26座，最长的在建隧道是34.5km的大瑞铁路高黎贡山隧道。我国已经完全掌握20km级隧道的修建技术，正在向着修建30km级以上特长隧道的水平发展。在建的北京—张家口高速铁路八达岭地下车站，地下建筑面积$3.6\times10^4\ m^2$，是迄今世界上最大的地下高铁站，车站两端的渡线隧道开挖跨度32.7m，是国内单拱跨度最大的暗挖铁路隧道。在水下隧道方面，2017年7月7日全线贯通的港珠澳大桥沉管隧道是世界上最长、埋入海底最深(50m)、单个沉管体量最大的公路沉管隧道，多项修建技术引领全球。在城市地下综合体方面，深圳前海综合枢纽工程建成后将达到世界第二、亚洲第一的规模，表明我国对城市地下空间的开发利用已经达到世界水准。在水电工程方面，已建的金沙江溪洛渡水电站左右岸地下厂房开挖面积约$106\times10^4\ m^2$，是目前世界上规模最大的已建地下水电站；向家坝水电站右岸地下厂房开挖断面尺寸为255m×33.4m×85.5m(长×宽×高)，是目前世界上厂房跨度最大的已建地下水电站；在建的白鹤滩地下厂房跨度达到34m，高度达88.7m，长度超过450m，尾水调压井最大直径达48m，为世界上开挖断面和综合规模最大的地下厂房洞室群；已建锦屏二级深埋水工隧洞群，最大埋深超过2500m，实测地应力超过100MPa，4条引水隧洞平行布置，长度均超过17km，是目前世界上规模最大的深埋长大洞室群；已建的溪洛渡水电站的导流洞，封堵段方形过流断面尺寸为24.0m×26.0m(长×宽)，是目前世界上单洞断面最大的水工隧洞。

伴随重大工程的修建，我国隧道及地下工程修建技术取得长足发展。在勘察技术方面，随着高分航遥等先进勘察手段的逐步引入应用，以及无人机勘察技术水平的快速提升，在隧道工程勘察技术方面逐渐形成了“空、天、地”三位一体的综合勘察技术，解决了复杂艰险山区传统勘察方式难以实现“上山到顶，下沟到底”的难题；三臂液压凿岩台车、三臂拱架安装机、湿喷机械手、全液压自行式仰拱栈桥、新型隧道衬砌台车、衬砌自动养护台车等一系列隧道专业设备的开发与应用，推进了我国隧道施工机械化发展，明确了智能化的发展方向；港珠澳大桥建成通车，标志着我国沉管隧道修建技术达到国际领先水平;现代信息技术的积累与突破性发展,为隧道行业构建大数据平台奠定了技术基础,开发完成多个基于多维海量信息构建的隧道大数据平台,利用平台的深挖掘与自学习能力提高工程决策水平,促进隧道智能化建设的发展;世界级难度水电巨型工程的成功建设取得了一系列研究成果,我国水电领域的隧道和地下工程技术已居于世界领先水平。

2. 学科发展服务工程建设,工程实践与科技创新互为驱动

广深港高铁狮子洋水下隧道是世界首座高速铁路水下盾构隧道,也是我国已建成的最长水下隧道和首座铁路水下隧道,通过国内建设、设计、施工、科研等多部门的联合攻关,系统解决了结构安全保障、工后沉降控制、盾构地中对接、隧道气动效应控制、防灾疏散等方面的多项技术难题,实现了世界高速铁路水下盾构隧道从无到有的突破,并为更长、更大水深隧道的建设奠定了基础。兰渝铁路西秦岭隧道为兰渝铁路第一长隧,采用大直径(10.23m)硬岩开敞式隧道掘进机(tunnel boring machine,TBM)施工,实现了大直径、快速、长距离、高效施工的目的,提高了我国特长隧道修建技术水平,推动了我国 TBM 产业的发展,在同类工程中具有重大的推广应用价值。港珠澳大桥沉管隧道为港珠澳大桥岛隧工程的重点控制工程,是目前世界上体量最大、施工环境最复杂的沉管隧道,该隧道创新研发了半刚性沉管隧道结构体系,开发了适合于半刚性沉管隧道结构的永久预应力体系,研发了外海沉管安装成套技术和装备,创新了深水沉管免调整精确定位技术,攻克了巨型沉管在受限海域拖航、锚泊定位、作业窗口管理诸多难题,形成了具有我国自主知识产权的外海沉管安装成套技术方案,创新提出了可折叠主动止水的结构理念,发明了整体式主动止水最终接头技术,为今后我国在更复杂水域建设沉管隧道积累了经验。金沙江溪洛渡水电站左右岸地下厂房、向家坝水电站右岸地下厂房、白鹤滩地下厂房、锦屏二级深埋水工隧洞群等世界级难度巨型工程的成功建设,在深埋隧道洞室群工程信息化、数字化技术、数值分析技术、岩体本构、灾害孕育演化规律及成灾机理开挖支护程序、开挖卸荷及应力调整路径、围岩变形稳定控制、安全评价、强岩爆区水工隧洞开挖支护施工、大跨度高地应力厂房开挖支护施工等关键技术方面取得了一系列研究成果。

3. 多学科交叉融合全面发展,信息化智能化引领未来方向

作为工程应用类学科,隧道及地下工程学科在地质学、土木工程技术、岩石力学与工程、数值分析、信息科学机械工程及装备制造、材料科学等多类学科的支持和多种手段综合研究的基础上快速发展,相关学科的发展对本学科的发展起到了极大的支撑作用。隧道力学以及数值分析技术的进步和发展，对隧道工程修建技术产生重大影响。我国全断面凿岩台车、盾构、TBM 等系列智能化隧道专业设备的研发与应用，取得了显著的进步，推进了我国隧道施工机械化发展。建筑信息化模型(building information modeling，BIM)技术在隧道及地下工程领域得到了大量应用，BIM 技术平台整合多源数据，以数字化、信息化和可视化的方式提升了规划、设计阶段的精度和深度，实现了施工阶段的动态模拟和信息化管理，并为运维阶段实现信息化、精细化资产管理提供技术支持。大数据与深度学习相关技术发展的日新月异，极大促进跨界技术结合的兴起，这些重大技术变革在隧道行业的多个技术方面都存在广阔的应用空间。中铁隧道局集团有限公司、中铁工程装备集团有限公司、中国铁建重工集团股份有限公司等龙头企业均利用大数据技术构建了具有隧道施工信息数据采集、存储、分析及应用等功能架构的掘进机远程信息化管理系统，实现了盾构法、TBM 法施工监控和集群管理。以机械化、信息化施工技术为基础，深度融合物联网技术，研发开挖及支护智能化施工设备，依据隧道全工序智能化施工要求，建立开挖及支护机器人化装备协同管理方法，并利用计算机语言建立协同管理平台，推进实现智能化建造。

4. 以高水平人才培养适应行业快速发展的需要

随着以交通建设为基础的隧道及地下工程领域建设规模的快速扩大，高等教育和职业教育快速跟进，开设相关专业的院校越来越多，人才培养规模不断扩大。截至目前，至少有 120 所公立高等院校开设土木工程专业隧道及地下工程方向和城市地下空间工程专业，涉及隧道工程硕士研究生和博士研究生培养的科研院所有 130 多所。自 2002 年中南大学获教育部批准开设城市地下空间工程本科专业以来，教育部在 2012 年版的《普通高等学校本科专业目录》将“城市地下空间工程”列为特设专业(专业代码：081005T)，截至 2018 年 12 月，已经在教育部通过审批或备案城市地下空间工程专业的高校有 70 多所，另外还有不少高校正在积极筹备建设和申报该专业，培养隧道及地下工程专业人才。至少有 110 所高职院校开办地下与隧道工程技术、铁路桥梁与隧道工程技术、城市轨道交通工程技术等相关专业。与此同时，专业建设不断完善，教育教学改革不断推进，人才培养水平不断提升。研究平台与研究团队建设不断加强，截至 2017 年年底，我国(除港澳台地区)共有隧道及地下工程学科的省部级及以上重点实验室有 20 多个，以及多家各级相关研究平台，为学科发展起到了重要的推动作用。

5. 我国隧道及地下工程学科发展面临的挑战

当前一系列国家发展战略、规划的启动以及重大工程的实施，从各个方面对隧道及地下工程领域的技术发展提出了新的需求。中长期规划在琼州海峡、渤海海峡以及台湾海峡修建 3 座海峡通道，采用隧道形式修建的长度分别达到 28km、126km、147km 左右。海峡环境水深大、地质条件复杂，长度前所未有，目前的工程技术在工程勘察、设备性能、隧道运维等诸多方面还难以完全满足建设需要。

(1)川藏铁路隧线比约为 84.5%，绝大部分隧道长度超过 20km，其中 6 座隧道长度在 30km 以上，1 座隧道长度达到 42.5km。隧道修建面临着高地震烈度、高地应力、高落差、高地温、强活动断层等技术挑战。在今后一个时期内，我国穿越脆弱生态区的隧道将越来越多，动物与植物资源保护、水土资源保护等问题日益突出，妥善处理隧道施工阶段和全寿命运营周期内隧道区域环境保护问题已经成为迫切需求。

(2)随着我国长江经济带、粤港澳大湾区等集群式发展战略的提出和落实，现有城市基础设施的服务能力将远远无法满足发展要求。繁华城区的大型、超大型地下综合体越来越多，如深圳前海综合交通枢纽工程和武汉光谷地下综合体工程，这些体量空前、功能多样综合体的大规模修建迫切需要从立法、规划设计、建造运营和风险防控等方面进行系统性研究。

(3)随着我国在极端环境条件下施工的隧道及地下工程日益增多，传统建筑材料难以满足要求，研发适应高寒环境、长距离运输的新材料，保障隧道结构质量安全，提高服役年限，是未来的一大需求。

(4)我国各领域运营隧道(洞)已接近 50 000km，已进入建维并重时期，隧道老龄化问题日渐凸显，迫切需要开发隧道病害智能诊断、快速修复与自修复技术。

(5)超长复杂隧道及大规模地下工程发生火灾时，人员疏散救援困难，易致群死群伤，设置工程设施，发展信息化及数字化方法，实现火灾防护及疏散救援的智慧化是未来的重大需求。

(6)据不完全统计，我国全断面 TBM 的保有量已近 3000 台，行业技术已经进入重要发展阶段，但在高水压、长距离、大直径、智能化、信息技术、机器人技术、异型盾构和微型盾构等方面仍然要作深入研究。

第二节 地下工程行业发展研究现状

一、地下工程勘察的重大进展与应用

在勘察技术方面，高分航遥等先进勘察手段的逐步引入应用，以及无人机勘察技术水平的快速提升，在隧道工程勘察技术方面逐渐形成了“空、天、地”三位一体的综合勘察技术，解决了复杂艰险山区传统勘察方式难以实现“上山到顶，下沟到底”的难题。现今勘察主要采用以下技术。

1. GIS 技术

通过地理信息系统对信息实现资源共享、勘察设计优化、更科学更系统的策划，更多的地质信息在建筑工程中得到了很好的应用。

2. 无人机倾斜摄影测量技术

集成遥感传感器技术、定位定向系统（position and orientation system，POS），GPS 差分技术具备自动化、智能化特点，能够获取国土、资源、环境等空间信息，采用数据快速处理系统作为技术支撑，进行实时处理、建模。

3. 数字摄影测量技术

数字摄影测量是以计算机视觉代替人眼的立体观测，所使用的仪器是计算机及其相应外部设备。它的产品是数字形式的，传统的产品只是该数字产品的模拟输出。数字摄影测量全数字化、全自动化的优良性能为数字化勘察设计提供了可靠的数据源。

4. 高分辨率卫星遥感技术

应用航天遥感技术所获得的卫星相片，具有广阔的视域、逼真的影像、丰富的信息。卫星遥感图像的定位精度越来越高，空间分辨率越来越细，为宏观地分析地质情况提供了方便的条件，能解译出区域路网和经济布局以及道路沿线的各种最新的自然、经济现象。

5. 高精度 GPS－RTK 技术

高精度 GPS－RTK 技术能真正实现高精度的一次测量、三维定位，大大减少甚至取代繁琐、困难、精度难保证的常规地面测量作业，工作效率大幅提升，加快了隧道勘察设计进度。

二、地下工程设计方法的重大进展与应用

我国隧道及地下工程建设规模大，分布遍及全国，工程地形及地质条件复杂多变。伴随着国家经济、技术和装备水平的不断提升，各种新工法、新技术和新结构不断涌现。目前我国隧道及地下工程设计方法的最新进展主要体现在以下几个方面。

1. 概率极限状态设计法

传统隧道结构设计方法主要分为安全系数法（容许应力法和破损阶段法）和概率极限状态法。2000 年后，铁路隧道的建设及设计理论快速发展，双线及大跨隧道的数量越来越多，隧道普遍采用复合衬砌及新奥法施工，传统的计算方法已经不能满足工程设计安全的需求，于是《铁路隧道结构极限状态法暂行规定》（Q/CR 9129—2015）发布，随后该规范广泛应用于隧道的设计。

概率极限状态设计法相对安全系数法而言，主要体现在设计理念的革新，它不仅提高了隧道结构设计的科学性，同时结合了国内与国外的隧道设计标准，这对国内设计单位在国外开展勘察设计工作具有重要意义。概率极限状态设计法的创新点主要有：①提出了铁路隧道复合式衬砌及洞门结构目标可靠指标；②建立了铁路隧道复合式衬砌及洞门结构极限状态表达式，提出了基于荷载及结构自重的分项系数值，并给出了相应的调整系数；③修正了隧道洞门墙土压力不定性系数、土压力作用点位置，提出了隧道洞门整体稳定性分块求和计算方法。

2. 高速铁路隧道机械化大断面设计方法

目前，高速铁路大断面隧道修建技术的研究主要以围岩稳定性研究、支护体系设计方法、安全快速施工等技术为核心。围岩稳定性是大断面隧道的基础与核心，有关洞身段围岩稳定性的研究成果较为丰富，但针对掌子面稳定性的研究不足，尚缺乏较为成熟的评价方法。大断面隧道支护体系多以工程类比为主进行设计，支护设计参数与国外相比较为保守。掌子面超前支护被认为是一种施工辅助措施，其设计多以防止塌方为目的，由于传统人工作业成本较低、施工装备技术水平低，大断面隧道通常采用分部开挖法施工。随着铁路工程建设对质量、安全、效率等的要求日益提高，广泛采用大型机械配套，要求高速铁路大断面隧道安全快速施工的呼声也越来越高。近年来国内也开展了个别大断面隧道快速施工技术的研究和工程实践，但研究类型单一，不具有系统性，未形成整套的施工技术，同时在理论方面的研究不足。

在此背景下，2016 年年底，郑万高铁湖北段开展了大规模机械化配套施工。2017 年，原中国铁路总公司立项“郑万高铁大断面隧道安全快速标准化修建关键技术研究”重点课题，各参建单位针对大断面隧道标准化施工大型机械化配套技术、大断面隧道掌子面超前支护设计方法、大断面隧道洞身支护结构设计方法、大断面标准化施工工法及工艺、大断面隧道标准化施工组织管理方法等方面开展了系统研究。

高速铁路隧道机械化大断面设计方法是以隧道机械化配套施工为前提，采用全断面或微台阶施工的系统设计方法，包括了设计及施工两方面，适用于采用钻爆法机械化大断面作业的高速铁路隧道。该方法的主要内容包括：①机械化配套方案设计；②施工工法设计；③掌子面稳定性评价；④超前支护设计方法；⑤洞身支护设计方法。该方法创新地提出了掌子面稳定性定量评价及超前支护设计方法，提出了基于形变荷载的支护设计方法，确定了适用于大断面隧道机械化作业的配套施工工法及工艺，实现了软弱围岩大断面隧道安全快速施工。

3. 超大跨度超高回填明洞衬砌设计方法

随着我国城市化进程的不断加速，交通工程受城市规划、复杂环境的限制，不可避免地出现“大填大挖”、破坏山体稳定及生态植被等问题。为贯彻节约用地、保护环境设计等理念，落实可持续发展战略，越来越多的高回填明洞工程被用于工程建设。目前，明洞跨度已从单洞单线发展到单洞三线，向着大跨、超大跨发展，回填土厚度也越来越大。超大跨度超高回填明洞结构因其受力状况十分复杂、结构厚度大，存在许多关键问题需要解决。

基于上述背景，中国中铁二院工程集团有限公司开展了“超大跨度超高回填荷载四线明洞衬砌结构设计关键技术”等课题研究，针对超大跨度超高回填明洞衬砌设计方法开展了系统研究。

针对超大跨度超高回填明洞结构厚度大的特点，提出了开孔衬砌结构，衬砌开孔后加速了衬砌内部与周边环境的热量对流交换，显著改善了大体积混凝土衬砌的水化热问题。因孔洞位置布置在衬砌中间，对截面的抗弯刚度削弱并不大，解决了混凝土结构中心轴附近无法发挥抗压能力而产生的材料浪费问题。该方法的主要内容包括：①超高回填明洞荷载计算公式；②开孔新型衬砌结构；③开孔衬砌结构裂缝计算。该方法探明了明洞“拱效应”的影响因素（跨度、地形条件、填土条件等），即填土要有一定的高度（H），沉降差（$\pm\delta$）要达到一定的数值（与 H 有关），二者缺一不可。随着边坡坡度增大、坡脚距减小，边坡对内土柱

的竖向卸载作用逐渐增强。当回填高度继续增大到某一临界值时，拱顶竖向土压力不再继续增加。该方法探明了纵向开孔衬砌结构的孔洞尺寸效应，揭示了大体积混凝土衬砌在开孔条件下不同孔径对衬砌内力、裂缝、温度场的影响规律，确定出开孔衬砌的“临界开孔直径”。基于有限元“黏结滑移模型”，推导了隧道衬砌最大裂缝宽度的数值计算公式及理论计算公式，解决了开孔衬砌结构裂缝计算问题。

针对超高回填明洞作用荷载，通过现场试验，从明洞衬砌结构、回填土力学性质，以及地形条件、坡脚距、施工方法等方面入手，通过基于散体理论的数值计算和现场测试分析，提出了高回填明洞荷载计算公式。

超大跨度超高回填明洞衬砌设计方法填补了超大跨度超高回填明洞衬砌结构修建技术的空白，有效降低了山地环境城市复杂地形条件以及远期规划对线路选线的影响，不仅提高了我国隧道建设技术，还提升了大型综合枢纽的设计技术水平。

4. 活动断裂组合宽变形缝设计方法

根据断层错动时隧道的变形特征，20 世纪 90 年代就有国家提出“铰接设计”的理念。但在 1999 年土耳其 Bolu 隧道建设之前，世界上几乎没有应对突发断层错动的隧道结构设计实例。当前已经有不少隧道采用了类似的设计方案，如伊朗中部的 Koohrang -Ⅲ输水隧道、2004 年美国加利福尼亚州的 Claremont 新建输水隧道等。我国乌鞘岭隧道等隧道遭遇了隧道穿越活动断裂的问题，也采用了类似的设计。这些隧道虽然采用了节段设计，但是没有针对如何合理设置节段，即变形缝的设置提出相应的设置方法，我国相关规范也无相关设计规定。成兰铁路结合中国铁路总公司“隧道抗震减震技术研究”课题，专门针对变形缝的设置方法进行了研究，首次提出了相应的设计方法，并在成兰铁路成川段 8 次穿越 5 条活动断裂的隧道设计中进行了应用。

成兰铁路成川段以隧道形式穿越 5 条活动断裂，国内外均无如此频繁穿越活动段的先例。目前柿子园隧道穿越彭县–灌县断裂（龙门山前山断裂）、北川–映秀活动断裂（龙门山中央断裂），跃龙门隧道穿越高川坪断裂（龙门山中央断裂），茂县隧道穿越茂汶断裂（龙门山后山断裂），红桥关隧道穿越岷江断裂，均采用组合宽变形缝设计方法。其中柿子园隧道穿越北川–映秀活动断裂段在邻近地震（4.1 级地震，震中距 19km）作用下，监测到了结构受力波动，但结构处于安全范围。

三、地下工程施工方法与技术的重大进展与应用

隧道及地下工程施工方法分为钻爆法、浅埋暗挖法、明挖法、盾构法、TBM法、沉埋管段法及辅助工法等。

1. 钻爆法

1）钻爆法机械化施工技术

为了解决钻爆法施工中的劳动力投入大、施工效率低、安全及质量风险高等问题，钻爆法施工中采用机械设备，并应用人工智能技术，这一技术对提高隧道施工质量、保障隧道施工安全意义重大。超前地质预报采用多功能地质钻机，超前管棚采用管棚钻机施工，隧道开挖采用液压凿岩台车，如三臂一篮全液压凿岩台车、三臂一篮全电脑凿岩台车、门架式凿岩台车以及单臂和两臂一篮凿岩台车等钻孔凿岩设备，并在郑万、成昆、兴泉铁路工程中得到应用。土质及软弱破碎围岩隧道可采用铣挖机、液压破碎锤等进行开挖，钢架加工配置弯曲或成型加工设备大断面架设钢架时宜采用钢架架设专用设备，国内先后开发了单臂轮胎拱架安装机、二臂三篮履带式、三臂三篮轮胎式等拱架安装设备。湿喷设备及人工手持湿喷发展到以湿喷台车为主的大断面、大方量湿喷装备，相继开发了自带空压机的多种型号湿喷台车，并向智能湿喷台车发展。智能湿喷台车具备自动定位、隧道轮廓扫描、自动/手动喷射双模式、自动生成施工日志、堵管自动识别、数据存储、无线传输等功能。采用锚杆钻机或凿岩台车施工锚杆，防水板铺设由简易人工铺设台架发展到新型自动铺挂和定位的防水板铺设台车，衬砌采用智能二次衬砌台车施工。智能二次衬砌台车具备自动定位、自动对中、自动振捣、拱顶空洞检测及补救、灌注过程检测及数据收集和传输等功能。同时还研制了衬砌养护台车，具备蒸汽养护、气囊密封、温度智能控制、终端远程监控等功能。

川藏铁路沿线地质条件复杂，除了存在多年冻土问题，雪崩、错落、滑坡、高地震区、地热、溶洞、暗河、岩爆等多种复杂地质状况并存，因此需要对川藏铁路极端条件下隧道钻爆法机械化施工装备开展相关研究。针对川藏铁路建设中高海拔、高地应力、高地温等极端条件下安全高效施工要求，中铁高新工业股份有限公司成功研制了一系列智能悬臂式硬岩掘进机、智能湿喷台车、隧道智能化凿岩台车、双臂高原湿喷台车、高原型智能化双臂锚杆台车、隧道污水快速处理机等装备，为川藏铁路隧道机械化施工提供综合解决方案，并将应用于川藏铁路施工中。

2）特殊地质条件下的钻爆法施工技术

(1)针对高地应力软岩大变形隧道的施工控制技术，结合兰渝铁路软岩大变形隧道的施工，采用“先柔后刚、先放后抗”的支护方式，而预留变形量的大小、初期支护程度和开挖工法成为变形控制的关键。

(2)针对岩爆对隧道施工的影响，主要从优化爆破方式、提前释放应力、调整支护时机和支护方式、人员和机械的防护等方面进行。

(3)针对高地温隧道，建立了“通风降温＋减少热源＋个体防护＋局部冰块制冷或机械制冷降温”的综合防治体系；根据高地温隧道的地温分布特征及衬砌内外侧温差，对岩温 28～45℃ 地段可采用复合式衬砌，对岩温 45℃ 以上地段适宜采用复合式隔热衬砌，在初期支护与二次衬砌之间设置隔热层。通过室内高温环境下建筑材料的耐热性能试验，研发出了掺矿粉、粉煤灰的耐热型喷射混凝土及掺粉煤灰的耐热衬砌混凝土。

(4)针对富水岩溶隧道，提出释能降压法新技术，结合高压富水充填水量大、水压高、规模范围大、充填介质复杂的特征，通过有计划、有目的的精确爆破，从而释放溶腔所储存的能量，降低施工及运营过程中水土压力对隧道的影响，然后通过配套处治措施完成溶腔处理。该技术成功解决了宜万铁路遇到的大量高压富水充填溶腔。

(5)针对古近系和新近系富水粉细砂岩地层，结合兰渝铁路胡麻岭隧道，总结了一系列复杂地质条件下的隧道施工工法。

(6)超长距离通风技术，通过室内、现场不同风管通风参数和洞内环境的实测及分析，分析了不同漏风率计算公式的适用条件，得到了长距离斜井施工期洞内环境参数，提出了不同风管设计参数的推荐值。特别是在新关角隧道，首次采用高海拔长斜井多工作面施工通风技术，利用斜井分割风道，大幅增加了供风量。

3)钻爆法施工新技术

(1)水压爆破技术。水压爆破是往炮眼中的一定位置放入一定量的水袋，然后用炮泥回填堵塞。水压爆破具有“三提高、两减少、一保护”的优点，即提高循环进尺、光面爆破效果、炸药利用率；减少洞渣大块率，减少对周边围岩扰动；使粉尘含量降低，保护作业人员健康。

(2)预切槽技术。机械预切槽技术是指采用专用的预切槽机沿隧道横断面周边预先切割或钻一条有限厚度的沟槽，填充混凝土后形成连续结构，在软岩地层中起着超前支护、初期支护或衬砌的作用。预切槽技术研发的预切槽设备，探索了一种适用于软土隧道施工的新工法，并在郝窑科隧道Ⅳ级黄土地段设置科研试验段，开展预切槽施工工艺试验。

(3)针对长距离出渣运输问题，结合新关角隧道最长达2808m的斜井施工，首次研发应用了长大斜井皮带运输机出渣运输及设备配套技术。同时，在该隧道创造了日排水量$17\times10^4m^3$的国内高原铁路隧道建设新纪录，形成了长距离大水量持续反坡隧道排水新技术。

4)智能化施工技术

隧道智能化施工主要体现在运用云计算、物联网、大数据、人工智能、移动互联网、BIM等先进技术，实现全面感知、融合处理和科学决策。依据隧道施工需求，以机械化、信息化施工技术为基础，深度融合物联网技术，研发开挖及支护智能化施工设备，包括机器人化凿岩台车、机器人化注浆台车、机器人化锚杆台车、机器人化湿喷台车、机器人化钢架台车、机器人化防水板台车、机器人化衬砌台车、机器人化衬砌养护台车；依据隧道全工序智能化施工要求，建立开挖及支护机器人化装备协同管理方法，并利用计算机语言建立协同管理平台。智能化施工系统主要包括智能化施工装备、机器人化装备协同管理平台两部分。其中，智能化施工装备根据施工分区，又可分为超前支护智能化施工装备、钻爆开挖智能化施工装备、初期支护智能化施工装备、二次衬砌智能化施工装备。

2. 浅埋暗挖法

1)浅埋暗挖法机械化施工技术

为了克服浅埋暗挖施工速度较慢、劳动力成本较高以及施工安全等困难，结合工程实践开展浅埋暗挖法机械化施工。

(1)在洞桩法(PBA法)施工中，研发出成桩装备，能满足在狭小的暗挖导洞内进行桩基施工的要求。特制的大功率泵和大直径管道，解决了打桩中不能及时补充泥浆、无法布置泥浆池和渣浆外排的难题，使成桩效率得到提高，能够满足工程进度的要求，实现了在狭小导洞内进行大直径桩基的施工。

(2)全工序采用机械化施工，挖装机可实现超前支护打设、注浆、土方开挖、拱架安装、喷混凝土等工序，提高了开挖效率，降低了安全风险，开挖速度可达到每月120m，与传统开挖方法相比，人工减少了一半。二次衬砌采用数控台车，实现液压控制，提高了施工速度和二衬质量。

2)浅埋暗挖法施工新技术

(1)管幕法与浅埋暗挖法结合施工的方法,即先施作管幕结构,在其保护下利用浅埋暗挖法施工隧道,如北京地铁19号线平安里车站超浅埋暗挖施工中,实现了管幕法与PBA法完美结合,既避免了车站上方大规模地下管线改移及交通导改,又提高了地下空间利用率,降低车站埋深,大大节约工程造价。再如沈阳地铁新乐遗址站施工,采取在管幕施工完成后,分段切管,在管内分块施作车站主体结构;拱北隧道曲线段338m,采用管幕法和浅埋暗挖法结合的施工方法,成功建成了目前世界开挖断面最大的暗挖隧道。

(2)结合浅埋暗挖法开挖初支施工工艺与盾构管片拼装原理,实现暗挖隧道装配式管片拼装施工,并形成相应的施工工法,提高了暗挖隧道二衬的机械化水平与施工工效,实现工业化生产,改善现场作业环境,提高现场作业安全性。

(3)盾构先行施工,后采用浅埋暗挖法扩挖形成地铁车站。该方法在北京地铁14号线得到了成功应用。

(4)针对上软下硬的地质情况,采用拱盖法设计施工。该工法将车站分成上、下两部分,上半部分为拱盖部分,拱盖部分采用分双侧壁导坑的方法分块开挖。在开挖前对拱盖上部进行超前支护。拱盖开挖完成后,进行临时支撑的拆除,施作拱盖二衬。

(5)富水地层非降水开挖。为了减少地下水流失,降低周边建(构)筑物下沉的影响,浅埋暗挖隧道要求改变以往的完全降水方案,采用非降水开挖技术,通过预注浆等辅助工法,堵截地下水,实现无水条件下的开挖作业,解决开挖中的地下水问题。

(6)大跨硬岩隧道十字岩体法建造技术。十字岩体法修建技术是一种将超大断面隧道“划一为四”并保留水平和竖向岩体/柱作为临时支护的修建技术。该技术的核心是充分保护和利用部分内岩自身承载能力,改善修建过程“围岩—支护—结构”体系的受力状态,实现受力转换安全,保证各阶段结构稳定性。这里的内岩是指地铁车站修建过程需挖除的岩土体。该技术主要适用于超大断面暗挖地铁车站施工。

3.明挖法

1)深基坑水下开挖法

搭建水下开挖移动平台,进行水下开挖,对基坑进行清理,并搭建水下浇筑平台进行混凝土封底。北京地铁8号线永定门外站大约有一半结构都泡在水中，如果采用常规降水法施工，这座车站日排水量高达 $20\times10^4 m^3$，即便永定门地区的市政管网全部用来降水，也无法满足要求。采用水下开挖法成功解决了这些难题。

2）预制装配式地下车站修建技术

预制装配式地下车站修建技术的研发和应用有利于推动地铁地下车站结构建造技术的变革，促进地铁建设工业化生产，能更好地解决地铁建设与城市资源、社会发展、环境可持续发展之间的矛盾。长春地铁 2 号线袁家店站是国内首例装配式地铁车站试验站，长春其余部分地铁车站也在积极推进和探索装配式结构的应用。北京地铁 6 号线西延工程金安桥站为地下两层双柱三跨车站，为北京市首座整体装配式车站。

4. 盾构法

盾构施工技术具有“大、难、新、智”的特点。“大”体现在盾构隧道的直径呈现显著增大的趋势；“难”表现在针对各种不良地层、建（构）筑物及管线密集的繁华城区，穿越道路、桥梁、隧道等，穿越江、河、湖、海等复杂的工程环境条件下，在大断面软硬不均地层、花岗岩球状风化地层、大卵石地层、高水压（0.9MPa）等不良地质条件时施工困难；“新”突出表现在技术创新方面，如双模盾构；“智”指的是“智慧盾构”，包括盾构机自动掘进技术、大数据库等。

1）大直径盾构新技术

世界上已修建了大直径盾构隧道（直径大于 10m）数百座，世界上盾构机最大直径达到 17.5m。国内已在黄浦江、长江、珠江、钱塘江、湘江等河流采用大直径盾构新技术修建了数十条水下隧道，并成功应用于公路、铁路、城市轨道交通及给排水、管廊等各个领域，应用领域广泛。

大直径盾构克服埋深大、大断面、掘进距离长、高水压、复杂地层等难点，实现了多种地质条件复杂情况下的隧道快速施工，其主要技术方向包括以下几个方面：

（1）盾构机掘进模式创新。盾构机掘进模式由单模式盾构向双模式盾构发展，如佛莞城际铁路狮子洋隧道，原设计采用土压-泥水双模式盾构，后施工单位改为可常压换刀的复合式泥水平衡盾构；广佛城际东环隧道，两个区间采用了土压-单护盾 TBM 双模式盾构。

（2）盾构掘进系统创新。盾构掘进系统包括刀盘在线监测系统、出渣称重系统、同步注浆检测系统、地质超前探测、高压密封及监测、始发延伸导轨、激光颗粒分析系统等。

(3)盾构掘进技术创新。盾构掘进技术创新体现在"相向掘进、地中对接、洞内解体"技术(如广深港狮子洋隧道等)、冻结刀盘技术、土仓可视化技术、换刀机器人技术、SBM竖井掘进机、马蹄形盾构、矩形顶管技术、高水压不稳定地层刀具常压更换技术、带压进舱及高压下动火作业技术等。

(4)海底软弱地层条件下的冻结加固技术。该技术采用海面垂直冻结方法和洞内水平冻结方法实现联络通道开挖和盾构换刀作业,解决冻结管引孔定位、强渗流地层冻结温度控制等技术难题,实现海底软弱地层条件下的联络通道安全施工和盾构常压开舱作业。

(5)海域环境复合地层盾构掘进技术。该技术在珠海横琴马骝洲交通隧道施工过程中,针对海域环境、"上软土下硬岩"复合地层条件下超大直径盾构隧道的设计施工技术进行了创新性研究,基于管片受力-变形特征提出了复合地层超大直径盾构隧道结构的横向、纵向计算模型,创建了复合地层盾构针对性设计方法和盾构掘进高效预处理系列措施,形成了海域环境泥水处理和复合地层盾构掘进成套控制技术。技术成果保障了隧道的顺利建设,促进了超大直径盾构隧道技术的进步。

(6)盾构法联络通道施工技术。该技术包括联络通道掘进技术、始发到达技术、高精度测量技术、结构变形控制技术等成套技术,与传统的暗挖法施工相比,具有明显的技术优势,可拓展性强,具有广阔的市场前景。

2)智慧盾构技术

(1)智能掘进实现盾构智能选型、参数智能决策、风险预测评价及人机交互与自动化掘进等功能,更符合实际地质环境、理论模型,结合数字化掘进实验平台,以实现智能掘进,实现大数据高级应用。

(2)智能掘进。通过智能监控、数据分析、远程诊断,基于大数据技术与科学分析,实时感知与快速反演的信息化技术应用,实现盾构智能掘进。

(3)智慧盾构工程大数据平台。该平台已经研发完成,并逐步推广应用。

(4)基于BIM的盾构隧道施工风险集成控制系统。该系统提出盾构隧道工程施工信息模型和建模标准,并将BIM同多种信息化技术综合利用,实现对施工风险的实时分析和集成控制。

5. TBM法

全断面隧道掘进机(TBM)施工具有掘进速度快、工作效率高、成洞质量好、综合效益显著、施工安全等显著优势，代表了当今及未来硬岩隧道施工的主流方向，特别是复杂地质条件下深长隧道的施工。

1)复杂地质条件下 TBM 技术

(1)通过隧洞沿线岩体条件的研究、TBM 的掘进速度预测与施工参数分析、TBM 滚刀磨损预测与反分析、掘进参数与围岩的适应性研究，得到了各种岩体条件下掘进机的掘进速度、刀具磨损率、利用率和支护强度等参数，形成了深埋长隧道 TBM 施工成套技术。

(2)通过对超长隧洞洞内外控制测量和联系测量方法进行分析研究，形成了科学合理的洞内外测量控制方法和技术成果。

(3)通过对外水压力的预测及应对对策研究，制定了不同隧洞段外水压力的处治措施，确保了主体结构的安全性，保证了施工的经济合理性。

(4)利用辅助坑道，采用分阶段通风等技术，实现最长 20km 超长距离通风。

(5)同步衬砌施工，在连续皮带机不间断出渣条件下，实现二次衬砌同步施工。

2)TBM 智能掘进技术

将人工智能算法应用于 TBM 掘进速度预测，从而对 TBM 的工作状态进行评价。同时，利用大量已建 TBM 隧道掘进数据建立了知识库及数据库，研究了不同类型 TBM 掘进参数预测方法，提出智能化专家控制系统，引入了模式识别和驱动功率的评价方法，在自动识别地质条件变化的基础上，自适应改变刀盘的驱动功率。而且，将智能设计和决策理论应用到掘进机选型设计中，研制智能掘进机选型的决策支持系统，用于掘进机概念设计阶段的选型。研发了 TBM 掘进参数智能控制系统，通过应用大量的专家知识和推理方法实现 TBM 掘进参数的智能控制，为 TBM 施工提供岩体状态参数和 TBM 掘进参数的实时预测，推进 TBM 施工的科学化、智能化发展。

6. 沉埋管段法

1)港珠澳沉管隧道修建新技术

港珠澳大桥岛隧工程代表了国内外沉埋管段法修建技术的最高水平和发展方向。港珠澳大桥岛隧工程由沉管隧道、东西人工岛两大部分组成。其中，沉管隧道为双孔双向 6 车道(宽 38m，高 11.4m)，基槽最深标高约为−45m(即沉管落床时的最大水深)，可抗 8 级地震、16 级台风，是世界最长、难度最大，也是目前世界上设计施工综合难度最大的沉管隧道之一。主要技术创新包括以下几个方面。

(1)构筑人工岛时采用自稳式的巨型钢质圆筒(周长 22m,高 40～50m,环岛 1 周共计 120 个,单个质量大于 500t,插入海床深度 20～30m)施作海上深大基坑围护结构,创造了超深、超大的海上基坑快捷施工作业的一项崭新工艺。

(2)大面积、超深度“挤密砂桩复合地基"加固处理技术,使沉管隧道地基的工后沉降有望控制在总沉降量的 20%(约 50mm)以内,远低于世界同类软基隧道沉降控制的惯用标准。

(3)采用“半刚性管段接头”,将各个管段小接头处的预应力钢丝束在管节浮运并落床就位后仍然保留而不再切断,从而形成“半刚性管段接头”。保留预应力后的半刚性管段,节段间的抗剪和抗弯承载力均可有效提升,能够抗受因疏浚不及时、回淤不均匀所导致管段间过大的接头剪力和转动弯矩,且其纵向差异沉降量最后也将有望控制在允许范围之内。

(4)采用“三明治”式钢-钢筋混凝土组合结构倒梯形最终接头,自主研发了可折叠拼装的整体式最终接头形式,实现了海上精准对接技术和防水、止水新工艺。

(5)研究了钢筋混凝土沉管结构的控裂和防腐耐久性设计,在全寿命周期内钢筋混凝土沉管结构的控裂质量和防腐耐久性(含接头止水材料)设计,研究的深度和广度均居世界领先水平。

(6)在外海深水海工环境下建立了具有完全自主知识产权的、超长、超大、超重巨型沉管安装的成套技术和设备系统,成功解决了受限海域拖航、锚泊定位、作业窗口管理和沉放中姿态控制、深水下测量定位和潜水探摸以及沉床后精准对接等系列难题,创造了 1 年内成功完成安装 10 个管节的“中国速度”,更有多次在 1 个月内连续安装 2 节沉管的记录。

2)复杂条件下沉埋管段法技术创新

(1)水下爆破减震技术。该技术运用“微差爆破＋气泡帷幕＋钢封门震动监测”多维综合爆破控制技术,不仅确保了已沉放管段的安全,也满足了城市核心区环境保护的要求。

(2)管段快速浮运沉放技术。该技术采用拖轮绑拖与吊拖相结合、岸上地锚与水中锚块相结合及设置工程船辅助的管节浮运方式,解决大流速条件下管节浮运姿态控制问题。

(3)发明集“自动测量、实时传输计算、可视化输出”于一体的管节沉放监控系统,实现管节沉放全过程可视化监控。

(4)沉管隧道基础灌砂新技术。该技术研发沉管隧道基础灌砂 1∶1 模型试验平台装置及试验方法，将冲击映像法和全波场无损检测技术相结合，应用于沉管隧道基础灌砂大比例尺模型试验检测中，揭示灌砂过程中的砂流扩展半径、相邻灌砂孔间的相互影响规律、砂积盘的充满程度以及各影响参数之间的相关关系。

7. 隧道 BIM 技术逐渐推广应用

隧道工程多修建在山岭中，地形地质条件复杂，地质模型难以建立，因此 BIM 在隧道工程领域的应用相对困难。GIS 是以地理空间信息数据为对象的空间属性资讯系统，若能将 BIM 技术和 GIS 技术完美融合使用，在现有 GIS 地理数据的基础之上进行 BIM 软件模型的分析，将使得建模和分析的过程大为简化。

BIM 与物联网、大数据、人工智能等新技术的联合研发和应用，如实现 BIM 条件下的协同设计、智能施工、智慧运维，将会是 BIM 技术在隧道应用上跨越性的一步。

四、地下工程装备的重大进展及应用

1. 钻爆法隧道施工装备

钻爆法隧道施工是通过钻孔、装药、爆破的方式开挖岩石的方法，目前已由早期人工手把钎、锤击凿孔等传统手段，逐步迈向了大断面全工序机械化配套、部分核心工序自动化及信息化机械作业，使隧道施工更加安全、质量得到大幅提升、隧道作业环境得到显著改善。国产钻爆法施工装备产业快速发展，产品系列和规格逐步完善，集成两种以上作业功能的施工装备不断涌现，围绕超前、开挖、初支、二衬等核心工序形成的装备类型，包括凿岩台车、湿喷台车、拱架台车、锚杆台车和衬砌台车等。主要装备制造企业有阿特拉斯·科普柯、山特维克集团、中国铁建重工集团股份有限公司、徐工集团工程机械股份有限公司、三一重装国际控股有限公司、中铁工程装备集团有限公司、湖南中铁五新重工有限公司、中联重科股份有限公司、新能正源智能装备有限公司等，年产业规模达 200 亿元，在蒙华铁路、郑万高铁等隧道工程中得到了大规模推广应用。同时，随着钻爆法隧道智能建造概念的提出，以隧道智能设计、智能开挖、智能支护、智能评价为核心的智能建造体系正在形成。钻爆法隧道智能成套装备作为该体系的核心支撑，主要技术特征包括单机自动作业、机群协同控制、数据实时交互、环境精准感知等，少人化、无人化隧道施工技术将成为未来钻爆法隧道施工装备发展的主要方向。

(1)超前作业装备。超前作业主要包括地质钻探和地质加固,作业装备包括凿岩台车、多功能钻机、注浆台车等,地质探测距离可达150m,具备随钻地质分析和取芯、管棚支护、注浆、边坡锚固等功能。

(2)开挖作业装备。开挖作业主要包括钻孔和装药,超前作业装备主要指凿岩台车,开挖作业臂数量最多可达4个,主流装备类型有人工操控型、电脑辅助操控型,可实现人工远程遥控和自动钻孔作业,正在研发新型的无人操控智能型凿岩台车,作业功能逐步覆盖到装药、管棚、锚杆等工序。

(3)初支作业装备。初支作业主要包括锚杆支护、拱架支护和湿喷混凝土,初支作业装备包括锚杆台车、拱架台车和湿喷台车,可实现自动作业,隧道施工作业质量显著提升,作业环境大幅改善,产品类型能够满足不同尺寸断面及快速支护机械化作业要求。

(4)二衬作业装备。二衬作业装备主要指衬砌台车,现有装备在传统二衬浇筑的基础上,突破了带压灌注、灌满监测、密实振捣等关键技术,实现了数字化衬砌作业。

2. 全断面隧道掘进装备

全断面隧道掘进装备主要包括盾构机和TBM,是一种隧道掘进施工作业的专用工程机械,具有岩土快速开挖、渣土连续输送、隧道同步衬砌、姿态实时导向等功能,可实现隧道施工的工厂化作业。目前,盾构机和TBM应用领域已由发展初期的地铁、铁路等行业拓展至水利、市政、能源、公路等行业,开挖直径范围覆盖0.5~17m,开挖断面形状由圆形拓展至矩形、马蹄形等。掘进模式由单模式拓展至双模式,掘进方式由水平掘进拓展至斜向掘进及竖向掘进。产品类型由盾构机扩展到TBM。产业规模由200台(套)增加至500台(套),近5年累计产量约1500台(套),国产品牌的国内市场占有率增加至85%以上,海外市场不断取得突破。刀具磨损检测、刀具常压更换、电液混合驱动等新技术研发和应用成效显著,总体技术水平已位居世界前列。同时,主机制造企业不断增多,主要装备制造企业有中铁工程装备集团有限公司、中国铁建重工集团股份有限公司、中交天和机械设备制造有限公司、上海隧道工程有限公司、三三工业有限公司、北方重工集团有限公司等。盾构机及TBM关键零部件及核心基础件国产化取得显著成绩,再制造业务增长迅猛,标准化工作实现了跨越式发展,机器人换刀、管片自动拼装、地质精准预报、风险自动预警及智能掘进等前沿技术研发逐步启动。

1)盾构机

在开挖直径方面,超大直径泥水平衡盾构机迅猛发展。其中,武汉三阳路长江隧道盾构机开挖直径达15.76m,香港屯门海底隧道盾构机开挖直径达17.65m。国内已建或在建14m直径以上盾构隧道数量10处以上,首台国产超大直径泥水平衡盾构机在汕头苏埃隧道顺利掘进,开挖直径达15.03m。在盾构机类型方面,新研发了土压+泥水双模式、土压+TBM双模式盾构机,有效提升了盾构机的地质适应性。盾构机下穿江河湖海、城市建筑密集区、机场、火车站、既有地铁线、高速公路、高速铁路等场所,该技术保障措施日趋完善。

2)TBM

在盾构机技术的基础上,依托“十二五”国家“863”计划,突破了总体设计、刀盘高效破岩、大功率驱动、围岩快速支护等关键技术,自主研制了2台敞开式TBM样机,开挖直径达8.03m,在吉林中部城市引松供水隧洞工程中成功应用,累计掘进里程超过30km。双模式煤矿斜井TBM在神东补连塔煤矿连续掘进2750m,平均月进尺超过500m。开挖直径达9.03m的敞开式TBM应用于高黎贡山铁路隧道工程。现有产品类型还包括单护盾式TBM和双护盾式TBM,开挖直径覆盖3～9m。TBM装备应用领域由铁路、水利行业向城市地铁、矿山等行业不断延伸。

3)异形断面掘进机

特定情况下,异形断面隧道具有空间利用率高、工程造价较低等优点,典型断面形式有马蹄形、矩形、类矩形等。异形断面掘进机突破了非圆全断面多刀盘同步开挖、非标准管片同步拼装等关键技术。蒙华铁路白城隧道首次采用了异形断面掘进机在黄土地层进行长距离连续开挖,掘进机外轮廓为10.95m×1.9m。宁波轨道交通隧道工程首次采用了规格为1.3m×7.27m的矩形盾构机,在城市核心区连续掘进801m,实现了两条平行隧道一次开挖成型。

4)市政管廊装备

近些年,在老旧城区改造和新城区规划建设中,市政管廊工程对新技术和新装备需求巨大,主要涉及电力、燃气、自来水、地下车库等领域。主要装备包括盾构机和顶管机,其中盾构机直径通常为3～5m,顶管机直径通常为0.3～4m,两

类装备均可满足小断面、浅覆土地下空间非爆破连续开挖和同步支护。新研发的管廊作业车可满足大断面、浅覆土、非圆形断面的城市地下通道机械式开挖。

5)掘进机再制造

近5年来，国内掘进机市场保有量新增约1500台(套)，累计保有量近3000台(套)，考虑到设备的地质适应性、设计寿命、购置及使用成本，掘进机再制造市场需求迅猛增长，平均每年完成再制造项目数量约200个，主要涉及刀盘、螺旋输送机、管片拼装机、电控系统、液压传动系统等部件，关键技术包括无损检测、绿色清洗、激光熔覆等。通过对原有掘进机整机或部件进行再制造，恢复了设备使用功能，延长了部分系统或部件的使用寿命，有效提升了资源利用率，形成了以掘进机主机企业和大型施工企业为主体的掘进机再制造产业，再制造年产能规模可达300台(套)。

6)零部件国产化

实现掘进机零部件国产化的主要目标是核心基础件，包括刀具、主轴承、减速机、大功率变频电机、大排量液压马达、大流量液压柱塞泵、空压机、高强度螺栓、高承压密封件、可编程逻辑控制器(PLC)、导向系统、重载吊机、管片真空吸盘、泥浆泵等。目前，掘进机国产化率已由5年前的70%提升至85%，大直径主轴承、PLC、高功率密度减速机等一批技术难度较大的零部件正在组织产业链上下游企业协同攻关，部分样件已进入工业性试验阶段。

五、地下工程材料的重大进展与应用

材料是隧道及地下工程历久弥坚的物质基础和质量保证，更是其发展变革的基石和先导。近几年来，我国隧道及地下工程在支护材料方面的进展主要体现在喷射混凝土、衬砌混凝土、热处理高强钢材、防排水材料、保温隔热材料、锚固材料和加固材料等。

1.喷射混凝土

自20世纪60年代引入新奥法理念以来，喷射混凝土已成为隧道及地下工程中应用最为广泛的材料。近几年我国在喷射混凝土材料、规格、应用技术和性能测试方面均取得了长足发展，主要体现在以下3个方面。

1)纤维材料

针对不同的工程特点、材料耐久性、成本控制等要求，选取抗拉强度高、极限延伸率大、抗碱性好的纤维，可以减少或防止混凝土微裂缝的产生，克服普通混凝抗拉强度低、极限延伸率小、耐久性及适用性不足等问题。目前钢纤维喷射混凝土已广泛应用于浅埋暗挖、深埋软弱围岩隧道及地下工程。

近5年来，喷射混凝土中纤维材料的进展及应用主要体现在3个方面：①由金属钢纤维向玄武岩纤维、玻璃纤维等无机纤维多种类发展。②由无机纤维向新型高分子合成纤维方向发展，包括聚丙烯纤维、聚酯和聚丙烯腈纤维等有机高分子纤维。苏安双等(2013)通过对比试验指出长径比约50合成高分子合成纤维对喷射混凝土增强、增韧作用最为明显。③由掺加单一纤维向掺加混杂纤维方向发展，钢纤维与高分子合成纤维混杂，既可以提高喷射混凝土强度，又可以增加韧性，粗合成纤维与细合成纤维混杂可以提高喷射混凝土的强度和黏结性。杨健辉等(2013)通过试验研究得出混杂纤维喷射混凝土能充分发挥混杂纤维的叠加效应，较单掺纤维时的抗压强度、抗折强度及折压比均有明显提高。

2)高效添加剂

新型高效添加剂的研制，使得喷射混凝土的性能得到极大的改善。一般应用于隧道喷射混凝土的添加剂包括速凝剂、减水剂、早强剂、膨胀剂等。①速凝剂。速凝剂可以加快喷射混凝土凝结硬化速度，较快地获得早期强度，对解决边喷边掉、回弹量降低、增加一次喷射厚度及调整多次喷射时间间隔等问题也有所帮助。鉴于一般速凝剂碱性较高，导致混凝土抗压强度保有率低、耐久性差，且损害工人健康，而无(低)碱速凝剂具有长期强度保有率高、耐久性强和安全环保等特点，成为液体速凝剂发展趋势。②减水剂。减水剂可以改善混凝土的和易性，降低施工耗能，提高施工效率。在保持混凝土坍落度不变的条件下，通过掺加减水剂可以大大减少混凝土拌合物的单位用水量，降低混凝土的水灰比，增强混凝土的强度和稳定性；在混凝土的和易性及强度不变的条件下，通过掺加减水剂可以减少单位水泥用量，节约水泥。目前新型的高效减水剂主要有聚羧酸系减水剂、萘系高效减水剂、氨基磺酸系减水剂、改性木质素磺酸盐系高效减水剂、混合型减水剂。③早强剂。混凝土在施工过程中，掺加早强剂可以显著提高混凝土早期强度，从而缩短养护时间。早强剂又叫促强剂，能够调节混凝土凝结、硬化速度。到目前为止，我国先后开发的早强型添加剂主要包括氯盐、硫酸盐、亚硝酸盐、硅酸盐等无机盐类早强剂；三乙醇胺、甲酸钙和尿素等有机物类早强剂;多种复合型早强类添加剂,如早强减水剂、早强防冻剂和早强泵送剂等。④膨胀剂。膨胀剂经过多年的技术发展,经历了高掺到低掺、高碱到低碱的阶段,但主要是以钙矾石、氢氧化钙、氢氧化镁为膨胀源。按照膨胀性能、补偿收缩效果和膨胀剂的发展历程,近几年膨胀剂产品主要包括 HEA/UEA 膨胀剂、CaO/CaO-CAS 膨胀剂和 MgO/(MgOCaO-CAS)复合类膨胀剂。

3)高性能掺合料

高性能掺合料的使用可以增强喷射混凝土的抗压强度,改善结构密实性,提高耐久性,增强其与围岩的黏接效应,减少回弹等。目前高性能掺合料主要包括硅粉、磨细矿粉、超细矿粉、粉煤灰等。杨红艳(2013)通过试验表明掺入粉煤灰对隧道湿热环境中喷射混凝土与岩石的黏结强度有明显改善作用。通过理论分析和现场试验指出,在喷射混凝土性能方面,矿渣和粉煤灰均增加凝结时间,而硅粉缩短凝结时间;在喷射混凝土基本力学性能上,掺矿渣和粉煤灰的喷射混凝土其早期强度略低、后期强度较高,而硅粉可增加混凝土各龄期强度;在耐久性上,硅粉能提高喷射混凝土的抗渗透性但干缩增加,而矿渣和粉煤灰可减小干缩;在微观结构演化上,矿渣和硅粉可提高水泥凝胶材料的水化程度,而矿物掺合料可改善混凝土的孔结构,提高混凝土的密实度和抗渗性能。

2. 衬砌混凝土

1)纤维混凝土

针对地下混凝土结构存在延性差、耐久性有待提高等问题,引入纤维混凝土不仅可以提高结构的韧性和耐久性,还在一定程度上减少钢材的用量。纤维混凝土是我国衬砌近几年的研究热点,包括钢纤维混凝土、无机纤维混凝土和有机纤维混凝土三类,其中钢纤维混凝土技术成熟且应用较多,合成纤维混凝土的研究和应用范围也逐渐扩大。

近 5 年,我国在纤维混凝土材料及技术上取得的进展有以下 3 个方面。

(1)纤维混凝土的力学机理和本构模型。陈强和王志亮(2012)利用改进的分离式霍普金森压杆进行单轴冲击压缩试验,得出损伤黏弹性本构模型能够较好表达纤维混凝土动态应力应变关系。梁宁慧(2014)对多尺度聚丙烯纤维混凝土(multiscale polypro-pylene fiber concrete, MPFC)开展了抗裂性、单轴拉伸、单轴压缩、四点弯曲试验,根据试验结果,建立了适合于 MPFC 抗拉、抗压特性的损伤本构模型,得到聚丙烯纤维混凝土损伤因子的曲线形状参数。

(2)纤维品种、形状、混杂方式、掺量等对隧道衬砌混凝土品质的影响规律。

李川川等(2014)对含有不同形状钢纤维混凝土的抗压强度、劈拉强度和韧性等进行了试验研究和性能分析,发现剪切波纹形钢纤维的增强效果较好,切断端钩形次之,切断波浪形较差。李长辉(2018)通过室内试验指出单一纤维增强作用有限,混杂纤维能在不同结构和不同性能层次上逐级阻裂与强化,具有较好的系统效应,提高混凝土的韧性及断裂性能。

(3)不同隧道及地下工程环境下纤维混凝土材料技术参数的确定。李洪杰(2013)研究了钢纤维在盐环境下的锈蚀速度、锈蚀前后的力学性能以及钢纤维混凝土经盐溶液腐蚀前后的基本力学性能。黄琼(2019)通过试验发现掺入玄武岩对混凝土抗压强度、抗折强度、抗冲击性能都有不同程度提高,以抗冲击性能提高尤为明显,可应用于有抗冲击性能要求的环境。

(4)新型高性能纤维混凝土的研究和应用。张鹏和李清富(2015)研究了钢纤维纳米高性能混凝土的抗压性能、抗拉性能、抗弯拉性能、弯曲韧性及断裂性能。

2)自密实混凝土

密实性是对混凝土最基本的要求。普通混凝土浇注后需利用机械振捣使其密实,但机械振捣需要一定的施工空间,且一些特殊部位无法进行捣固。自密实混凝土(self-consolidating concrete,SCC)可很好地解决这问题,它是隧道及地下工程衬砌混凝土发展的重要方向,并已成功应用于铁路隧道、水下隧道、地铁隧道等地下工程。

近年来,应用于隧道及地下工程的自密实混凝土减水剂取得了显著进展,按其发展历程总体可分为3个阶段:以木质素磺酸盐为代表的第一代减水剂,现阶段主要用于复配;以萘系为代表的第二代减水剂,该类别减水剂种类最为广泛;以聚羧酸系为代表的第三代减水剂,其性能优越性明显。

3)特殊性能混凝土

向混凝土中加入特殊的添加剂,按一定比例拌合形成特殊高强混凝土,应用于隧道及地下工程的特殊环境,保证结构稳定。超高性能混凝土(ultra-high performance concrete,UHPC)是一种以最大堆积密度理论作为设计理论的新型超高强度、高韧性的水泥基复合材料,陈宝春等(2014)指出,近几年UHPC在理论研究与工程应用上都取得了可喜的进展,随着环保、可持续发展日益受到重视,其具有极好的发展前景。耐火混凝土是由适当的胶凝材料、耐火骨料、掺合料和水按一定比例配制而成的特种混凝土,依据胶凝材料分为矾土水泥耐火混

凝土、矿渣硅酸盐耐火混凝土、磷酸盐耐火混凝土、镁质水泥耐火混凝土和轻质耐火混凝土。耐腐蚀混凝土是由耐腐蚀胶结剂、硬化剂、耐腐蚀粉料和粗细骨料及外加剂按一定的比例搅拌而成。气密性混凝土是指在混凝土施工中掺入一定量的气密剂以改善混凝土的气密性能，提高混凝土的密实性，具有抗裂防渗性能，补偿混凝土的收缩，多用于穿过含有瓦斯气体煤层岩体隧道及地下工程。

3. 热处理高强钢材

高强钢筋是指抗拉屈服强度达到400MPa级及以上的螺纹钢筋。与普通钢筋相比，它具有强度高、综合性能(工艺性能、焊接性能、延性、抗震性能)优良、节约环保、使用寿命长、安全性高等优点。我国已经通过先进热处理技术加工出高强高韧性钢筋。

目前针对隧道及地下工程开展的热处理高强钢材有高强钢筋格栅拱架、实心锚杆用热处理高强度高冲击力钢筋、空心锚杆用高强高韧性钢管、高强度箍筋、高强度预应力钢筋、高性能锚固件及不同围岩条件各类型热处理高强锚杆。施刚等(2013)系统总结了国内外学者针对高强度钢材钢结构在材料和构件层面受力性能方面取得的研究成果，包括静力拉伸力学性能和韧性、断裂以及疲劳性能，构件的受压稳定和抗震性能，以及连接节点的力学性能等的研究。

4. 防排水材料

水害是隧道病害中统计最多的一种，包含隧道衬砌渗漏水、冻害和基底翻浆冒泥，俗有“十隧九漏”的说法。防排水材料是防止水害的有力保障，中国铁道科学研究院集团有限公司铁道建筑研究所隧道团队针对隧道拱墙、接缝、隧底及附属洞室等结构形式特点，先后成功研发了自黏式防排水板、自黏式防水板、自黏式止水带、预制装配式隧底排水系统、喷涂式防水材料等新型防排水材料，形成了拱墙卷材黏贴式安装工艺、隧底预制标准化构件装配式工艺、洞室喷涂工艺等配套施工工艺，颁布了国铁集团企业标准《铁路隧道防排水材料第1部分：防水板》(Q/CR 562.1—2018)、《铁路隧道防排水材料第2部分：止水带》(Q/CR 562.2—2017)、《铁路隧道防排水材料第3部分：防排水板》(Q/CR 562.3—2018)、《铁路隧道防排水材料第4部分：排水盲管和检查井》(Q/CR 562.4—2018)和《铁路工程喷膜防水材料第1部分：涂喷丙烯酸盐》，推动了隧道防排水系统工厂化、标准化、机械化、专业化施工。

5. 保温隔热材料

针对寒区隧道，为避免冻胀病害，隧道结构及防排水系统需增设保温层或供热系统，保温层可采用无机纳米真空绝热保温板、气凝胶、岩棉或聚氨酯等材料，供热系统可采用电热或地热，既满足隧道结构保温需求，又保证隧道防排水效果。同时还可采用玻化微珠保温砂浆无机材料，具有良好的可靠性和稳定性。

针对高地温隧道，为避免高温造成隧道结构劣化，需增设隔热层，隔热层复合防（排）水板形成复合隔热防（排）水层，有效降低高岩（水、气）温对隧道结构影响。吴根强（2016）通过模糊评价法和数值模拟法确定了高地温铁路隧道中隔热层选材和设置参数。李国良等（2016）通过分析拉日铁路高地温地区隧道温度场和结构影响规律，提出采用保温隔热层、衬砌内置冷却管、耐热型复合防水板及新型防水材料等隔热防水措施。

6. 锚固材料

随着国内隧道及地下工程的不断发展，岩土施工环境越来越复杂多样，锚杆作为支护的主要组成部分，在发挥隧道结构支护性能方面起到重要作用。近几年我国在新型锚固结构和新型锚固材料上取得了长足进步。

1）新型锚固结构

为了提高现有隧道及地下工程岩土锚固技术的应用效果或应对复杂岩土工程环境，国内学者在新型岩土锚固结构方面开展了积极研究。统计近 5 年的研究成果，关于新型锚固结构主要有以下 3 个方面：

（1）改进原有锚杆的结构，如新型锚头、预应力锚固锁定装置、自动卡紧装置、锚杆材料主体等。汪小刚等（2013）研究了一种新型压缩摩擦组合分散型锚索，可有效改善压力集中型锚索内锚头应力，提高锚固可靠性。刘龙等（2015）基于端部封闭的钢套管充填膨胀剂锚固纤维增强塑料（FRP）加筋法，设计了 FRP 锚杆预应力锁定装置。郭震山等（2015）研究了聚酯锚杆在应变软化围岩隧道的拉拔力学性能和深部隧道围岩变形控制，认为聚酯锚杆优于传统锚杆。余伟健等（2017）研发出一种能自动卡紧的分段锚固注浆锚杆装置及其锚固方法，提高了整体锚固能力。

（2）应对复杂地质环境，研制相应的新型功能型锚杆，如用于软岩工程的高阻让压型和能量吸收型锚杆等。王飞等（2014）针对高应力软岩巷道，基于高阻让压策略研发了一种新型可接长螺纹钢锚杆它的长度大于 4m、延伸率为 17%、破断荷载 195kN。何满潮等（2016）研发了具有超常力学特性的负泊松比（negative Poisson's ratio，NPR）锚杆/索支护新材料，既具有恒阻条件下抵抗变形的能力，又具有抵抗冲击变形能量的功能，能解决在软岩、岩爆、冲击大变形过程中出现的支护材料断裂失效问题。

(3)复合型锚杆的研究,如集锚固和多重防腐功能、锚注一体化功能等。康红普等(2010)提出了注浆-高强预应力锚杆锚索联合支护方案,可显著提高洞室围岩的长期稳定性。针对使用承压型囊式扩体锚杆存在扩体锚固段注浆体抗压强度不足、施工质量可控性差、锚杆筋体在孔中居中安放难、防腐与耐久性等问题,刘钟等(2014)研发了具有多种防腐功能的承压型囊式扩体锚杆新技术体系。值得一提的是,充分利用现代智能技术开发新型锚固系统是该领域一个新的发展方向。

2)新型锚固材料

锚固材料作为锚固体系中最为关键的材料,材料自身的物理力学性质及其与孔壁、杆体的黏结力等因素将直接影响着锚固效果,应用最为广泛的水泥砂浆锚固灌浆材料尚存在干缩变形和抗渗性差的问题。近5年,国内在新型锚固材料上的进展主要集中于对原灌浆改性,或者开发其他有机或无机的锚杆注浆材料。

在水泥砂浆材料中添加石膏和高铝物等会发生快速膨胀反应的膨胀剂,补偿水泥基注浆材料的干缩变形,并提高注浆体的密实度。陈科(2002)以标准砂或特细砂为细集料,掺入硅酸盐水泥熟料、水淬高炉矿渣和复合激发剂,制备了一种新型无机锚固材料,工程应用效果良好。树脂锚固剂是由不饱和聚酯树脂、$CaCO_3$石粉及固化剂混合而成的高分子复合材料,具有胶凝快、强度高、性能稳定等特点。苏学贵等(2015)通过高温拉拔、抗压实验与CT分析相结合的方法,研究了高温下树脂锚固材料的锚固力学特性及其受热解细观结构变化的影响特征。目前树脂锚固材料已广泛应用于煤矿巷道、山岭隧道及建筑结构等岩土工程加固中。聚氨酯锚固剂是一种新型的树脂锚固材料,相比于水泥基材料或者其他无膨胀性的锚固材料,可迅速填满空隙,锚固长度能够覆盖锚杆全长,并依靠强大的膨胀挤压力,实现锚杆与围岩的紧密粘接及锚固材料沿围岩裂隙的渗透,形成一定范围内的具有一定韧性的复合材料,增强松动围岩的整体性。卢成和梁宁慧(2011)采用有限元数值仿真方法系统分析了聚氨酯锚固剂的加固作用,指出聚氨酯锚固剂因其特性具有较好的推广前景。

7. 加固材料

在隧道及地下工程施工过程中,采用预加固技术能很好解决软弱围岩变形、掌子面失稳等难题。传统预加固措施通过钢锚杆及喷射混凝土加固掌子面岩土体，后期开挖时钢材切割不仅增加建设成本，而且降低掘进效率。这也促使加固工程在材料和技术上不断创新。玻璃纤维注浆锚杆以其抗拉强度高、抗剪强度低、全段锚固、锚注结合、易破除等优点已受到广泛关注并成功应用，刘卫(2013)以兰渝铁路桃树坪隧道为研究背景，开展了玻璃纤维锚杆预加固技术对软弱围岩隧道掌子面变形的参数敏感性分析。在堵水加固材料上，李雅迪等(2016)以异氰酸酯和高亲水性聚醚多元醇为原料，合成了亲水性聚氨酯预聚体浆液，并利用硅酸钠为硅源进行预聚体反应，原位制备了纳米二氧化硅增强亲水性聚氨酯注浆材料，经堵水工程试验表明，该材料具有较高的堵水效率。

第三节　地下工程面临的重大挑战及对策

一、高原、高寒地区修建长大隧道的技术挑战

高原、高寒地区修建长大隧道面临的技术挑战体现在4个方面。①生态脆弱、环境保护难度大。高原、高寒地区的生态系统单一且脆弱，生态平衡极易被打破，且难以恢复。在该类区域修建长大隧道，如果按照传统的做法，将占用大量土地，施工过程中产生的废水、废气、废料(弃渣)都会给当地环境造成不可逆的破坏。因此高原、高寒区的隧道修建应提早建立环境保护标准，配套强制性措施，同时制定环境恢复计划，把建设区的生态环境问题作为最大的技术问题和挑战。②建设人员职业健康风险突出。长大隧道建设周期可长达数年，参建人员长期工作在大气压力低、氧气稀薄、极端低温的高原、高寒地区，身体健康将受到多种威胁。尤其是在隧道内部，由于空气含氧量低，各种施工设备的内燃机效率降低，产生的废气对人体造成更大伤害。如何采用高效可靠的绿色动力进行施工作业，保护一线作业人员的身体健康是该区域进行工程建设的重大挑战。③高效低耗新能源装备。在高原地区，随着空气中氧气含量的降低，各种柴油设备的燃烧效率降低，尾气中的有害成分比例升高，如规范中CO海拔高度系数取为3.14，也就是说隧道施工位置的柴油机排放的尾气中CO是低海拔地区的3.14倍。目前，一般通过增加送风量和加装尾气净化器来改善这一问题，但理想的解决方案应该是发展采用电能等清洁能源的施工装备替代现有的柴油内燃机设备。④工程品质受制因素多。高原、高寒地区冬季施工时间长，对各种混凝土结构的工程品质影响较大。同时，在工程建成后还将长期受到冻融循环的影响，

结构易发生严重的病害。这对高原、高寒地区的隧道结构工程品质提出了更高的要求，在混凝土质量提升方面有着较大的挑战。

二、超长山岭隧道面临的重大技术挑战

超长山岭隧道面临的重大技术挑战体现在4个方面。

(1)勘察技术方面的技术挑战。超长山岭隧道一般都穿越人迹罕至的地区，常规的地面勘察难以进行，同时超长山岭隧道具有大埋深的特点，这使得勘察工作面临诸多技术挑战。

大埋深的情况下，物探精度不满足要求，而深孔钻探的时间成本和经济成本又急剧增高。而与大埋深相关的高地应力、高地温、高压水的“三高”问题又是后续工程建设中巨大的风险点，需要在勘察阶段进行明确以提前制定应对措施。因此在超长山岭隧道的建设中，如何运用新的技术手段提高勘察质量是工程建设中首要的技术挑战。

(2)设计方面的技术挑战。超长山岭隧道的设计需要考虑的因素繁多，难度比一般隧道设计高很多。如气象水文资料缺乏，勘查测量困难艰险；隧道选址限制条件多，超长隧道可能控制路线走向；富水地区需加强防排水和防冻胀；高地震烈度隧道的减振隔震、洞口安全防护措施；超长距离的施工和运营通风、照明、应急救援、施工辅助通道；针对不良地质突发状况采取的应急处理措施预案；超大体量隧道弃渣的利用、废弃和防护措施；对绿色环保品质工程理念的贯彻执行等。这些都是超长隧道在设计阶段必须要面对和考虑周全的关键问题。

此外，在以往很多超长山岭隧道的建设实践中遇到了极端的地应力情况和处于活动状态的地质构造带，使得既有的设计方法受到了巨大挑战。在川藏铁路的建设过程中，隧道要穿越多条一级、二级构造边界断裂，面临的工程难题主要有高烈度、高地应力岩爆、软岩大变形、高地温和活动断裂。其中高地温隧道10座，地温为28.7～86.0℃；高地应力隧道35座，隧道最大埋深2600m；跨活动断裂隧道7座；同时受上述工程难题耦合作用的隧道12座，这给隧道的设计和施工都带来了前所未有的挑战。

(3)施工面临的挑战。深埋超长隧道因其地质的复杂性和不确定性给施工带来了很多方面的技术挑战。在工法选择方面，山岭超长隧道可选工法是钻爆法和TBM法。从目前应用现状来看，选择应用钻爆法的较多，形成的配套措施和设备也多。但是从未来技术发展的方向来看，应逐步采用TBM法替代钻爆

法，形成以 TBM 法为主、钻爆法为辅的施工模式。

目前的 TBM 法对地质条件的适应性较差，尤其是在穿越软岩大变形段或者断层破碎带都没有很理想的表现，TBM 法整体性能尚有较大的提升空间。而钻爆法面对超长隧道长距离开挖的解决策略是增设辅助坑道，增加工作面，形成“长隧短打”的局面来弥补掘进速度的不足。当技术手段受限时，这样是非常有利于加快工程进度的。但是，很多超长隧道可选择的辅助坑道条件严重受限，且辅助坑道过长且经济性太差，不具备“长隧短打”的条件。这使得在超长隧道中一直沿用钻爆法也将出现很多问题。

超长隧道施工面临的另一个问题就是劳动力问题。土木工程行业的生产方式整体还处于劳动密集型阶段，隧道施工更是严重依赖人力，“机械化换人、自动化减人”的程度比较低。但随着我国人口结构的不断变化，可用劳动力日渐紧缺，隧道建设已经不能再长期依靠“人海战术”。机械化、自动化程度低和用工紧缺的矛盾既是超长隧道要面对的挑战，也应通过修建超长隧道这一类大型工程积累经验，得出解决办法。

(4)运维挑战。山岭隧道通常远离城市，工作和生活条件比较差，很难吸引大量稳定的运营维护人员。而传统的运营维护需要投入较多的人力，这使得很多山岭隧道都处于“亚健康”状态，给隧道的正常运营带来风险和后续较高的治理成本。因此如何减少隧道的维护工作量，甚至部分实现零维护，是修建超长隧道时应考虑和重视的技术挑战。

同时从实际情况来看，高水准的运维品质可以有效提升隧道服役年限。资料表明，瑞士有不少 19 世纪修建的隧道仍在使用，服役期已经超过 200 年。因此，运维品质的提升既是重大挑战也有着巨大的实际价值。

三、特长水下隧道面临的重大挑战

在水下隧道建设方面，我国先后应用不同施工方法修建了厦门翔安海底隧道、青岛胶州湾隧道、广深港狮子洋隧道、港珠澳大桥沉管隧道等。根据我国交通和经济发展需要，中长期规划在渤海海峡、琼州海峡以及台湾海峡修建三座海峡通道，采用隧道形式的长度分别达到 126km、28km 和 147km 左右。隧道长度急剧增长和过高的水压将这些隧道的修建难度推向了一个顶峰，现有的修建技术必须进行全方位的提升以满足建设需求。

(1)地震给水下隧道带来的安全挑战。水下隧道多修建在复杂的地质环境

下，隧址区域常处于地震高发地带，一旦发生地震，若隧道遭受严重破坏，后果将是灾难性的。目前，人们对陆上隧道的地震破坏机理和隔震技术已经取得了一定的研究成果，并应用泡沫混凝土材料和橡胶材料作为隔震材料，在隧道结构中设置隔震层、抗震缝等。

水下隧道在抗震问题上的边界条件要比陆上隧道复杂很多，除了隧道衬砌和围岩之间选取合适材料设置隔震层之外，还应考虑改善隧道结构本身的刚度、质量、强度、阻尼等关键抗震因素，从多个方面提高隧道在地震发生时的结构安全性。

(2)高水压环境给施工装备带来的挑战。我国规划建设的渤海海峡隧道、琼州海峡隧道、台湾海峡隧道等超长水下隧道隧址区域的最大水深将超过100m，如果采用盾构法进行修建，考虑覆土厚度则需要将盾构机的整体密封性能提高到2MPa以上才能满足要求。而目前采用盾构法修建的水下隧道最大水压都在1MPa以内，盾构机的整体密封性能最高为1.1～1.6MPa，与建设需求有较大差距，需要在目前研发制造的基础上取得较大的突破。

(3)长距离水上通风问题带来的挑战。超长水下隧道长距离在地下穿行，在建设期和运营期都需要考虑通风问题。而设置海中通风竖井以及其他离岸结构常常受到水深的限制，以现有的技术能力难以在水深超过20m的区域修建海上人工岛。

从港珠澳大桥人工岛的修筑实践来看，港珠澳大桥人工岛筑岛处的水深在18m左右，建设所需的钢圆筒直径达到22m、高度50.5m、重500t，是国内直径最大、高度最高的钢圆筒结构，也是世界上体量最大的钢圆筒结构。如果水深进一步加大，达到三四十米时，钢圆筒相应高度就达到70～90m，整个项目将变得难以实施。

目前，挪威等国采用新型沉井式修筑方法，该方法较为高效经济地解决了深水离岸结构的修筑问题。这种结构的出现基本可以解决超长水下隧道施工期的通风难题，也为海上盾构始发井的修筑提供了思路。但该类海上结构的设计寿命一般不超过10年，难以满足隧道50年以上的使用寿命，如何解决这一矛盾是建设者需要应对的诸多技术挑战之一。

四、超大跨洞室工程面临的技术挑战

随着断面尺寸的一再增大，从支护结构受力和施工手段上来讲，超大断面地下工程与小断面地下工程发生了“由量到质”的改变。这方面的工程实践在不断前进，地下洞室的跨度和体量持续突破，而相关的设计理论仍处于半理论、半经验阶段，所参考的设计理念主要基于铁路、公路隧道和水利水电工程经验总结，对其开挖后的受力机理不清，各类岩石应力应变本构关系应用上不清晰，造成某些条件下设计保守，也造成巨大的工程浪费，而在有些条件下可能使得工程存在较大的安全风险。

目前，世界上最大跨度地下洞室的开挖断面面积达到 $1000m^2$，我国大跨地下洞室也达到了 $760m^2$（重庆轨道交通红旗河沟站），对于该类断面应采取何种工法进行开挖尚处于摸索阶段，如何通过设置合理的参数达到安全高效施工是超大跨洞室工程要解决的重大技术难题。

从该类超大洞室的施工现状来看，另一个突出的技术挑战就是缺乏配套施工装备，使得在施工方法选择、劳动力组织等方面可选择余地很少，整体施工效率严重受制于装备的水平。因此，因地制宜地研发超大断面地下洞室的施工装备是该类工程大规模发展急需解决的技术难题。

五、隧道健康评估与重置技术

截至 2018 年年底，我国已经投入运营的铁路和公路隧道已达到 3.2×10^4 km，投入运营的地铁线路有 185 条。已建成的隧道由于修建年代的不同，受限于当时的勘察技术水平、设计技术标准以及施工工艺水平，再加上工程水文地质等方面的差异影响，经过数十年的运营，隧道大都存在着隧道渗漏水、衬砌裂损（裂缝）、冻害、衬砌腐蚀及隧底翻浆冒泥等类型病害。根据对隧道病害分类的有关规定及统计资料，目前国内隧道病害主要表现为严重渗漏水、结构衬砌的腐蚀裂损、仰拱或铺底的变形损坏，约占隧道病害的 75%。可以说，我国现有的很多隧道工程已经进入了“老龄化”，需要进行健康监测与诊断，必要时进行适当的修复。而隧道作为典型的地下工程，其结构病害具有很强的隐蔽性，到了治理阶段又有造价高、效率低的问题。隧道修复后结构品质的恢复情况不够理想，还将影响服役品质和设计寿命。因此在此基础上，如何发展出针对不同类型隧道病害的快速监测和诊断技术以及修复效果经济高效的高性能材料是该领域面临的重大挑战。

六、城市深部地下空间建设面临的挑战

近年来，我国地下空间开发数量和规模逐年增加，并呈现爆发性的增长态

势，浅层和中层地下空间资源的消耗速度日益增快，城市发展和建设对地下空间资源需求的持续加大，地下空间开发利用正向深层发展和延伸。我们常说的城市深部地下空间主要是指地下 50～100m 的垂直距离范围内的地下空间。这一深度的地下空间开发要面临设计方法、施工技术等多个方面的技术挑战。

(1)结构设计技术挑战。深部地下空间结构周围的介质是千差万别的，地下空间结构除承受使用荷载以外，还要承受周围岩土体和地下水的作用，而且后者往往构成地下结构的主要荷载，这是深部地下结构与浅层结构的主要区别。

同时深部地下结构因为埋深较大，结构所承受的地层竖向压力小于其上覆地层的自重压力。周围岩土体对地下结构的作用可以按结构与地层的相对位移关系而分为主动地层压力和被动地层反力两种深层地下结构的设计。在考虑计算模型时，一方面要考虑结构和深层围岩相互作用机理，另一方面也要考虑结构安全性的各种因素，包括施工过程的影响才能得到比较符合实际的结果。但因其地下岩土工程条件太复杂，而且变化很大，只有将理论与实践相结合不断地总结经验，才能更好地为深层地下空间的结构设计提供有力支撑。

(2)施工技术挑战。深层地下空间施工方案众多，深层地下工程的施工必须明确每一种施工方法的特点，选择更加适合深层地下工程的施工方法。在确定地下工程施工方法时，涉及土力学、岩石力学、流变学、结构力学、钢筋混凝土结构、钢结构等多个学科且实践性较强，地下工程的施工方法与设计理论又紧密相连。

目前在城市地下工程施工中常用的浅埋暗挖法施工技术主要用于在无水条件下施工，对于埋深为 50m 以下的深层地下空间来说需要解决较多的难题。同时浅埋暗挖法要求施工竖井，深层地下空间的竖井施工同样需要解决较多的难题，以及适应于深层条件下的浅埋暗挖法隧洞的初期支护、一次衬砌、二次衬砌施工技术和防水施工与回填注浆技术。

对于深层地下空间的施工设备，由于埋深较大，要从机械本身的性能上提高抗高水土压力，并考虑特殊阶段的受力情况，选择适当的深层地下空间机械化施工方法进行施工。

地下空间资源具有不可再生性和不可转移性，其规划和开发建设过程中还缺乏成熟可靠的理论及实践经验，在今后一个时期内在该领域都存在着较多的技术问题和工程挑战。

第四节　地下工程人才培养与需求分析

王梦恕(2000)曾指出,21世纪是城市地下空间大发展的年代,本世纪末将有1/3的世界人口工作、生活在城市地下空间中。近20年来,中国城市地下空间面积不断扩张,城市地下空间行业蓬勃发展,因此对城市地下工程专业人才的需求量与日俱增。为了更好地开展学科评估和人才培养工作,通过与地方政府、企事业单位等进行深入访谈交流,了解目前地下工程专业毕业生必须具备的专业基础知识和实践能力需求,分析目前实践教学中存在的问题与不足,确保毕业生无缝对接用人单位人才需求。

一、人才培养现状

隧道及地下工程学科的人才培养目前主要分为专科、本科、研究生(硕士/博士)等不同层次和阶段,主要培养单位为各类高等院校和部分科研单位,旨在培养应用型、创新型、复合型等类型的专门技术人才,从事隧道工程及城市地下空间资源开发与利用的理论分析、规划、勘测、设计、施工、维修养护、投资和运营管理、研究和教学等方面的工作。

从人才培养机构的数量和人才培养规模来看,2013—2017年,我国隧道及地下工程学科的人才培养体系已经相对完备:有超过100所的专科院校每年面向行业输送6000～7000人的专科层次技术人才,同时也有相同数量的本科院校每年培养规模超过5000人的本科层次技术人才;在高层次人才的培养上,我国的130余所院校每年可培养2000人左右的硕士生、200人左右的博士生。通过不同层次人才的培养,近年来我国隧道及地下工程学科的人才培养已经超过1万人/年。

1. 中南大学培养模式

中南大学的城市地下空间工程专业开设“地下空间工程的现代科学技术”和“城市地下空间规划”等课程,并开展实验研究、工程设计方法、生产管理、计算机应用等实践教学。注重理论联系实际,与校外企业建立合作关系,如以广州地铁总公司和深圳建业建筑集团等为依托建立了实习基地。

2. 西安理工大学培养模式

西安理工大学注重培养学生掌握城市地下工程勘察、规划、工程材料、结构分析与设计、工程机械基础等基本技术和知识。同时,教学和管理依托岩土工程

研究所，拥有岩土静力和动力测试研究的先进设备，具有从事复杂、特殊课题的科学研究能力。

二、学科发展趋势与对策

近年来，中国的隧道与地下工程持续快速发展。随着我国隧道及地下工程建设进入规模化快速修造阶段，思考学科发展趋势与对策，引导广大科技工作者更好地把握未来发展成为这一阶段的重要任务。

作为高校和科研院所，应该关注行业发展的前沿，打造地下工程建设的高地。具体应瞄准以下前沿和关键科学问题。

1. 新型隧道

1)低真空磁悬浮隧道

低真空磁悬浮作为一种新型轨道交通形式，具有快速、安全、环保等优点和广阔的发展前景。与传统轮轨交通不同，低真空磁悬浮无黏着极限的束缚，且低真空运行环境可以减小空气阻力和噪声，因而具有快速、安全、环保、舒适、线路适应性强等优点和广阔的发展前景。

轮轨交通的速度提升受轮轨关系、弓网关系、流固耦合关系、运行环境等主要关系制约，但影响最大的是空气阻力作用。任何一种地面交通工具，速度越快，受到的空气阻力在总阻力中的比例越大。当速度达到300km/h时，比例均超过70%，500km/h以上将达到90%，大部分的能耗用于克服空气阻力。目前，从我国多条高速铁路勘察设计来看，隧桥比已占线路全长的85%以上，因此，整条线路采用真空管(隧)道来解决空气阻力问题以及噪音问题，经济性和修建技术上具备可行性。同时考虑到我国在高温超导磁悬浮方面取得的技术成果，发展低真空管(隧)道磁悬浮高速铁路技术具有较大的技术优势和可行性。

西南交通大学赵勇等(2004)设计搭建了第2代高速真空管道HTS侧浮实验系统，列车运行方式由悬浮变为悬挂，永磁轨道固定在真空管道外侧壁，使列车在运动中获得更大的向心力，在真空管道中能高速行驶。管道真空极限压强达到1335Pa，常压下磁浮实验车最高平均速度达到了82.5km/h，最大瞬时速度达到了87.5km/h。磁浮技术与磁浮列车教育部重点实验室周大进等(2016)以真空管道高温超导(HTS)磁浮列车驱动系统为研究对象，建立了直线电机2D仿真模型，在此基础上，采用有限元软件仿真和设计实验，对不同次级下的电机起动推力及法向力特性进行了研究。提出了高温超导侧挂型磁悬浮列车系统的原创性概念，实现了高温超导磁浮列车在小转弯半径轨道上的高速稳定运行，将高温超导磁悬浮列车的世界最高运行速度纪录提高到了160km/h。

低真空磁浮高速列车与常规的轮轨交通方式相比具有巨大的技术优势，具备下一代主流交通解决方案的能力。同时我们也看到这一技术距离实现大规模应用还需要持续的发展，需要跨学科、系统性地解决大量技术难题。

2)水中悬浮隧道

水中悬浮隧道(submerged floating tunnel)，又称阿基米德桥，因其具有单位长度造价低、对环境整体影响小、受天气影响小、过往车辆能耗低等优势，建设水中悬浮隧道逐渐成为跨越大面积水域交通工程的热门候选方案，挪威、意大利、美国、日本、中国等对此均有不同程度的研究。尽管其概念已经提出近160年，但至今世界上还没有建成水中悬浮隧道。2016年，挪威耗资250亿美元打造的松恩海峡水中悬浮隧道正式开建，预计将于2035年完工。

黄柳楠等(2017)结合挪威松恩海峡水中悬浮隧道，分析了目前水中悬浮隧道的动力响应、设计理念、安全性能等方面的研究进展情况，并对该领域未来趋势提出了展望。蒋树屏等(2018)对水中悬浮隧道的管段、锚索动力模拟和波浪、洋流模型试验进展进行总结，并提出深水大型波浪流水池中波流耦、流固耦合以及动水与静水结合的水中悬浮隧道模型试验是未来的研究方向。

2. 新式破岩机理研究与应用

1)大断面激光破岩技术

隧道施工中可以将岩石粗略地分为软岩和硬岩两类，其中极硬岩中的TBM掘进较困难，可以研究利用激光在破岩方面的优越性，提高硬岩的掘进效率。但是目前激光破岩采用岩石熔化和气化的方法并不适用于隧道破岩。采用现有的岩石熔化和气化的方法，须同时使用多个激光器，会带来电力巨大、钻头成本高等问题。此外，对于隧道施工中遇到的泥岩等，会产生烧结，使得破岩失败。实现激光隧道的开挖应用，关键技术是要解决激光的光点小与隧道工程要求开挖断面大的矛盾。

目前很多关于激光破岩的研究较为基础，国内尚未有相关的设备和工艺，但是发展机械能破岩和化学能破岩之外的破岩技术是隧道和地下工程行业能够取得突破性进展的重大机遇。

2)其他非爆破开挖技术

(1)悬臂掘进机配合铣挖机法。悬臂式掘进机是一种集开挖、装载、运输于一体的综合机械化施工设备，辅以铣挖机对隧道开挖轮廓线进行修边，能够进行无爆破振动施工，对围岩扰动小，可连续开挖作业、效率高、超挖小、节约衬砌材料等。

(2)劈裂法。劈裂法采用劈裂机，以液压传动为能量源，应用斜契原理使劈裂力达到几百吨，这样就可以将围岩劈裂开，从而使岩石从围岩中分离。

(3)液压冲击锤法。液压冲击锤法是先于掌子面开挖轮廓线周边钻孔作为预切槽，再采用挖掘机携带的液压冲击锤进行分部凿岩开挖。液压冲击锤法适用于有裂缝的和层理分明的岩层。节理发育、层理分明，以及层理和节理之间有软弱夹层的坚硬岩层是有利于使用液压冲击成功进行隧道掘进的典型条件。

(4)静态破碎法。静态破碎法的破碎原理是利用装在炮眼中的静态破碎剂的水化反应，使晶体变形，产生体积膨胀，从而缓慢地、静静地将此膨胀压力施加给炮眼壁，由于受到炮眼壁的约束，这种膨胀压力将转化为拉伸应力。对于脆性材料来说，它的抗拉强度大大小于其抗压强度，所以材料在这种拉伸应力作用下容易引起破碎。静态破碎剂的破碎效果除了与破碎剂的性能、介质的强度和破碎条件有关外，还取决于破裂参数和炮孔的排列。

3. 全域型大直径 TBM

(1)大直径盾构机；

(2)全域型 TBM；

(3)掘进机再制造技术；

(4)刀具检测与更换技术。

4. 隧道施工与装备的信息化和智能化

(1)发展应用深度学习方法；

(2)发展隧道修建方面的大数据平台。

三、地下工程人才培养模式建议

针对社会市场对隧道及地下工程专业人才的迫切需求，为了切实满足学生发展的多样化需求和积极应对学科发展中的长期需求，结合各高校的人才培养模式，在课程设置和培养特色等方面提出一些见解。

1. 系统灵活的课程设置

围绕“土力学”“岩体力学”“工程地质学”“地下建筑结构”“地下建筑施工”等重点课程，加强实践教学，发挥课程教学主渠道功能。开设“岩土工程测试技术”和“地下结构 CAD”等实验类课程，注重计算机应用。除 CAD 等基础软件以外，开设诸如 FLAC3D、Midas GTS、PLAXIS 等商业应用软件课程，注重培养学生的实践与动手能力，并体现本学科特色。

2. 多样化的培养模式

(1)以岩土工程为核心课程，服务于地下工程建设，应始终坚持以适应地下工程发展为主体，加强专业人才基础知识与理论的传输与培养，以满足地下工程建设的需求。

(2)注重理论与实践的结合，紧跟国家重大工程项目需求，与重大工程项目建立实践合作基地。可在理论课程中穿插开展实践教学，结合城市地铁、公路隧道和地下空间工程等，让学生深入了解地下工程勘察、设计、施工等新技术。

(3)注重学科科研能力，建立学科建设平台上的人才培养与科学研究的互动模式，并注重培养学生的探索精神和科研能力，不断提高人才的工程应用能力，培养合格的工程应用型人才。

主要参考文献

陈宝春，季韬，黄卿维，等. 超高性能混凝土研究综述[J]. 建筑科学与工程学报，2014，31(3)：1-24.

陈科. 新型无机锚固材料的制备及性能研究[D]. 重庆：重庆大学，2002.

陈强，王志亮. 分离式霍普金森压杆在岩石力学实验中的应用[J]. 实验室研究与探索，2012，31(11)：146-149.

郭震山，郑俊杰，崔岚，等. 聚酯锚杆与传统锚杆的力学性能及支护效果比较分析[J]. 岩土工程学报，2015，37(S1)：202-206.

何满潮，李晨，宫伟力，等. NPR 锚杆/索支护原理及大变形控制技术[J]. 岩石力学与工程学报，2016，35(8)：1513-1529.

黄柳楠，李欣，伍绍博. 水中悬浮隧道关键问题研究进展[J]. 中国港湾建设，2017，37(12)：7-10，70.

黄琼. 玄武岩纤维对混凝土抗折强度的影响[J]. 山西建筑，2019，45(2)：

102-103.

蒋树屏,李勤熙,水中悬浮隧道概念设计及动力分析理论与模型试验进展[J].隧道建设(中英文),2018,38(3):352-359.

康红普,王金华,林健.煤矿巷道支护技术的研究与应用[J].煤炭学报,2010,35(11):1809-1814.

李长辉.混杂纤维增强混凝土剪力键及沉管隧道抗震性能研究[D].天津:天津大学,2018.

李川川,孙丽萍,朱海堂,等.钢纤维对混凝土劈拉强度的影响研究[J].河北工业大学学报,2014(6):4-6.

李国良,程磊,王飞.高地温隧道修建关键技术研究[J].铁道标准设计,2016,60(6):55-59.

李洪杰.钢纤维锈蚀及钢纤维混凝土腐蚀的力学性能试验研究[D].郑州:郑州大学,2013.

李雅迪,李嘉晋,陈丁丁,等.纳米二氧化硅原位增强亲水性聚氨酯注浆材料的制备与性能研究[J].岩土工程学报,2016(S1):4-6.

梁宁慧.多尺度聚丙烯纤维混凝土力学性能试验和拉压损伤本构模型研究[D].重庆:重庆大学,2014.

刘龙,李国维,贺冠军,等.GFRP锚杆结构预应力锁定装置研制与现场试验[J].岩土工程学报,2015,37(4):718-726.

刘卫.预加固对软弱围岩隧道掌子面稳定性的影响研究[D].北京:北京交通大学,2013.

刘钟,郭钢,张义,等.囊式扩体锚杆施工技术与工程应用[J].岩土工程学报,2014,36(S2):205-211.

卢成,梁宁慧.多尺度聚丙烯纤维混凝土力学性能试验和拉压损伤本构模型研究[D].北京:中国地质大学(北京),2011.

施刚,斑慧勇,石永久,等.高强度钢材钢结构研究进展综述[J].工程力学,2013,30(1):1-3.

宋宏海,王晓融,任仲友,等.高温超导体在对称和不对称外磁场中的悬浮力计算[J].低温与超导,2004(2):47-50.

苏安双,曾雄辉,丁建彤,等.粗合成纤维长径比对喷射混凝土性能的影响[J].混凝土,2013,(4):67-72,76.

苏学贵，杜献杰，苏蕾，等.高温下树脂锚固材料细观结构与力学性能实验分析[J].煤炭学报，2015，40(10)：2408-2413.

汪小刚，杨晓东，贾志欣，等.新型压缩摩擦组合分散型锚索锚固机制及效应研究[J].岩石力学与工程学报，2013，32(6)：1094-1100.

王飞，刘洪涛，张胜凯，等.高应力软岩巷道可接长锚杆让压支护技术[J].岩土工程学报，2014，36(9)：1666-1673.

王梦恕.21世纪是隧道及地下空间大发展的年代[J].岩土工程界，2000，(6)：13-15.

吴根强.高地温铁路隧道温度场及隔热层方案研究[D].成都：西南交通大学，2016.

杨红艳，热害隧道喷射混凝土性能研究及结构行为分析[D].成都：西南交通大学，2013.

杨建辉，李燕飞，丁鹏，等.混杂纤维喷射混凝土的力学性能试验研究[J].工业建筑，2013，43(8)：101-105.

余伟健，杜少华，王卫军，等.一种能自动卡紧的分段锚固注浆锚杆装置及其锚固方法[P].湖南省：CN201510845769.8，2017-07-28.

张鹏，李清富.纤维增强纳米高性能混凝土力学性能研究[M].郑州市：黄河水利出版社，2015.

周大进，崔宸昱，马家庆，等.真空管道HTS侧浮系统中线性电机起动特性研究[J].西南交通大学学报，2016，54(4)：750-758.

第三章 课程建设及教学方法改革

课程作为人才培养体系中的最基本单元，是高校立德树人的重要载体，是专业建设的核心要素。课程支撑着人才培养目标的达成，直接影响着人才培养的质量。课程建设是高校提高整体教学水平和人才培养质量的重要举措，它涉及教师队伍、教材与教学资源、教学方法与手段、教学管理等教学基本建设工作的诸多方面，是一项整体性教学改革和建设的系统工程。新工科的内涵及特征使得新工科专业课程体系改革和课程建设较其他专业而言难度更大、挑战度更高，使其成为新工科专业建设必须完成的一项关键性、全局性、系统性和复杂性的工作。林建(2020)提出，新工科专业课程体系改革和课程建设需要兼顾好四个方面的关系：一是既要充分考虑新工科专业的工程教育属性，又不能忽视其高等教育属性；二是既要满足新工科专业建设的总体要求，又要注重不同高校新工科专业优势和特色的发挥；三是既要适应当前行业产业发展的变化，更要满足未来行业产业发展的需求；四是既要学习借鉴发达国家的成功经验，更要结合我国工程教育发展和高校的具体实际。

第一节 地下工程专业课程体系设计

一、地下工程专业课程体系构建思路

1. 新工科背景下对地下工程人才能力的要求

随着长江经济带、京津冀协同发展、粤港澳大湾区、川藏铁路等一系列国家发展战略规划的启动与实施，我国地下工程建设进入了一个高速发展期。经过多年的高速发展，我国在隧道和城市地下工程的开发技术和装备领域取得了巨大的成就，积累了非常丰富的工程经验，工程建造信息模型、数字化协同设计、机器人施工等技术得到了广泛的应用。围绕地下空间资源的可持续开发，突破单一学科研究的局限，开展多学科协作与协同创新，深入、广泛地探索地下空间开

发利用的内在规律以及科学合理的方法和技术，是迎接行业挑战的应对措施（黄莉和王直民，2019）。与此同时，随着隧道和地下工程开发不断朝着“深、大、长”方向发展，地质环境亦趋于复杂，高地应力、高地温、高瓦斯、高水压等引起的突发性工程灾害和重大恶性事故频发，也给现有的勘察、设计、施工、装备及安全运维等方面带来了巨大的技术挑战（李喆等，2021）。高速发展的行业对地下工程从业人员的能力提出了更高的要求。

相较于传统的工科，新工科更加倡导与产业互通互融，与学科交叉相融，与创业互建体系，更加注重学生的家国情怀和全球视野（何利华和倪敬，2021）。2005 年，美国国家工程院的报告指出，进入新世纪，面对技术快速进步、国家安全需要、发达国家老龄结构、人口增长和资源减少等挑战，以及科学技术和新兴交叉学科的发展趋势，未来工程师不仅要在技术上更成熟，还应具有强大的分析技能、创造力、独创性、交流技能、领导力、专业技能和高尚的、高标准的道德（张炜，2022）。新工科就土木类专业而言，是以产业需求为导向，以培养跨学科、综合全面、创新能力强、面向未来能够适应并引领产业不断发展的新人才为目标。更加注重培养学生的工程实践能力、跨学科能力、创新能力、智能化应用能力和工程伦理能力（刘吉臻等，2019；范圣刚和刘美景，2019），这些能力既是新工科背景下对人才培养的要求，又是应对地下工程行业发展趋势的主要措施。新工科背景下对地下工程人才能力培养要求的达成目标（孙峻，2018；葛健等 2019；林健，2020；张卫华等，2020）如表 3-1 所示。

表 3-1　新工科背景下对地下工程人才能力培养要求的达成目标

能力要求	达成目标
工程实践能力	提高学生的工程意识； 增强学生的工程素质； 提升学生的实践能力
跨学科能力	具备与其他学科人员跨学科开展工程活动的能力； 具备将工程学科与其他学科进行交叉融合的能力

续表 3-1

能力要求	达成目标
创新能力	发现土木工程实践的新问题； 运用新技术、新工具、新方法，提出解决问题的思路和手段； 通过创造性的工程实践活动解决新问题
智能化应用能力	具备智能化技术与管理的应用能力
工程伦理能力	能够在工程活动中平衡好各方利益； 能够承担工程的自然及社会责任； 具有应对和解决工程伦理问题的能力

2. 地下工程专业课程体系构建思路

中国地质大学(武汉)地下工程专业定位为：以“工程科学”思想为指导，依托学校地质学和地质工程特色和背景，培养具有扎实基础理论、宽广专业知识和创新能力的复合型人才，从事地下空间综合开发与利用领域的勘察、规划、设计、施工和投资等的技术、管理及科学研究工作。专业定位围绕“学科交叉融合”，突出“地质”特色，培养的人才具有地质思维和地质背景，能够解决复杂地下工程问题。

城市地下空间工程专业培养目标为：坚持以马克思主义、毛泽东思想、邓小平理论、“三个代表”重要思想、科学发展观和习近平新时代中国特色社会主义思想为指导，为城市地下空间行业培养基础扎实、知识面宽、能力强、素质高，且获得土木工程师基本训练的城市地下空间工程技术人才。毕业生具有良好的人文科学素养，扎实的自然科学、地质学与城市地下空间工程专业基础；掌握城市地下空间专业知识和规范；了解城市地下空间专业学科的前沿问题、发展现状和趋势；具有较强的工程实践能力、社会适应能力、创新创业能力和终身学习能力。具备一定的国际视野和较好的团队协作意识。本专业毕业生懂得专业相关法律法规；认识工程对客观世界和社会的影响，能胜任一般城市地下空间工程项目的勘察、设计、施工、监理和管理工作，也可以从事投资与开发、金融与保险、社会服务等工作。

综上，地下工程教学体系构建总体思路为：在学校地下工程专业定位和培养目标的基础上，结合新工科对人才能力的需求，构建地下工程专业完整、全面的专业教学体系，该体系包含课程结构设置、课程内容、实验教学环节、实习基地建设、现代化教学方法的应用、教材建设和师资队伍建设等。课程体系的构建思路是:在专业体系构建思路指导下,结合兄弟院校宝贵的专业和学科建设经验的基础上,突出地质特色。

二、地下工程专业课程体系

2019 年以来,中国地质大学(武汉)按学科大类招生,学生入校后,经过 1.5 年的基础培养,再根据兴趣和双向选择原则进行专业分流。地下建筑工程方向和城市地下空间工程专业属土木工程类。故以通识教育、大类平台、学科基础、专业主干课、实践教学、专业选修课共同形成专业人才培养的基本框架,以此构建相应的课程体系。课程体系构建中,加强了实践教学环节的内容,对实践性较强的课程,安排了课程设计或校外实践环节。以城市地下空间工程专业为例,课程体系设置框架如图 3-1 所示。

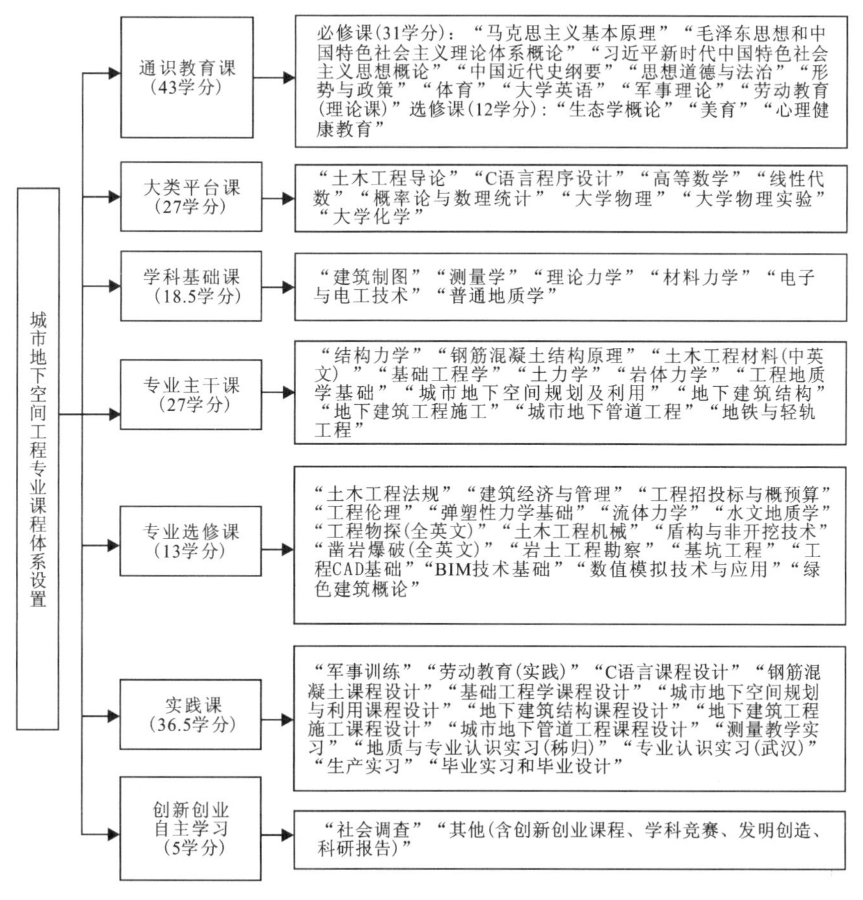

图 3-1　城市地下空间工程专业课程体系设置

通识课程共计43学分，其中必修课程共计31个学分，包括“马克思主义基本原理”(3学分)、“毛泽东思想和中国特色社会主义理论体系概论”(2学分)、“习近平新时代中国特色社会主义思想概论”(3学分)、“中国近代史纲要”(2学分)、“思想道德与法治”(3学分)、“形势与政策”(2学分)、“体育”(4学分)、“大学英语”(9学分)、“军事理论”(2学分)和“劳动教育(理论课)”(1学分)。选修课程总计12个学分，包括“生态学概论”、“美育”(不少于2学分)、“心理健康教育”(不少于2学分)；规定其中的跨学科选修课不低于4学分。通识课程为学生提供适应面广的人文社会科学等课程，注重培养学生的人文素养、团队合作精神、创新创业意识、社会责任感、家国情怀、全球视野以及数字化思维等。

大类平台课程共计27学分，包括“土木工程导论”(1学分)、“C语言程序设计”(2学分)、“高等数学”(10学分)、“线性代数”(2.5学分)、“概率论与数理统计”(2.5学分)、“大学物理”(6学分)、“大学物理实验”(1学分)和“大学化学”(2学分)。大类平台课程为学生提供数学、物理、化学、计算机基础和土木工程专业发展等课程。

学科基础课程共计18.5学分，包括：“建筑制图”(3学分)、“测量学”(2学分)、“理论力学”(4.5学分)、“材料力学”(4学分)、“电子与电工技术”(2.5学分)和“普通地质学”(2.5学分)。学科基础课程主要培养学生土木工程学科的基本素质，包括力学素质、制图能力、测量素质、地学素质等。

专业主干课共计27学分，包括“结构力学(3.5学分)、“钢筋混凝土结构原理”(3学分)、“土木工程材料(中英文)”(2学分)、“基础工程学”(2学分)、“土力学”(2学分)、“岩体力学”(2学分)、“工程地质学基础”(2学分)、“城市地下空间规划及利用”(1.5学分)、“地下建筑结构”(2.5学分)、“地下建筑工程施工”(3学分)、“城市地下管道工程”(1.5学分)、“地铁与轻轨工程”(2学分)。专业主干课程划分成3个模块：土木工程专业能力培养模块、地质学素养培养模块、地下空间工程基础理论和专业能力培养模块。地质学素养培养模块开设的课程与地下工程设计和施工环节相呼应，为学生在工作中具备扎实的地质背景打下基础。地下空间工程基础理论和专业能力培养模块涵盖了地下工程的规划、设计和施工环节。

选修课是教学计划中的重要组成部分，是本专业“厚基础、宽口径”培养目标的重要组成部分。成功的专业选修课能深化专业理论知识，扩展专业视野，培养学生兴趣爱好，同时是避免专业同质化发展的重要手段之一。选修课程学分要求多于13学分，本专业可开出的选修课程17门，包括“土木工程法规”(1学分)、“建筑经济与管理”(必选)(2学分)、“工程招投标与概预算”(2学分)、“工程伦理”(0.5学分)、“弹塑性力学基础”(3.5学分)、“流体力学”(2.5学分)、“水文地质学”(2 学分)、“工程物探”(全英文)(必选)(1.5 学分)、“岩土工程勘察”(必选)(2 学分)、“土木工程机械”(2.5 学分)、“盾构与非开挖技术”(必选)(1.5 学分)、“凿岩爆破”(全英文)(2 学分)、“基坑工程”(1 学分)、“工程 CAD 基础”(1.5 学分)、“BIM 技术基础”(1.5 学分)、“数值模拟技术与应用”(1.5 学分)、“绿色建筑概论”(1 学分)。选修课程设置涵盖了工程法规、工程管理、工程经济、工程伦理、勘测技术、专业最新技术、信息技术等相关的课程,突出课程内容的基础性、新颖性、实用性和独创性,其中勘测技术模块中包含的“水文地质学”和“工程物探”的课程内容,在学科基础知识背景上,强调地下工程建设中的水文地质问题、地下探测的物探解决方法以及工程勘察方法,着重培养学生解决地下工程设计和施工中解决复杂问题的综合能力。

实践课环节共计 36.5 学分,包括课程设计、校内实践和校外实践 3 个模块。课程设计模块包括的课程有“C 语言课程设计”“钢筋混凝土课程设计”“基础工程学课程设计”“城市地下空间规划及利用课程设计”“地下建筑结构课程设计”“地下建筑工程施工课程设计”“城市地下管道工程课程设计”,该模块主要侧重培养学生的动手能力、现行规范标准和制图规范性能力。校内实践模块包括“军事训练”和“劳动教育实践”两门课程。校外实践模块包括“测量教学实习”“地质与专业认识实习(秭归)”“专业认识实习(武汉)”“生产实习”“毕业实习和毕业设计”,该模块进一步培养专业应用能力和动手能力。

创新创业自主学习环节共计 5 学分,包括“社会调查”(2 学分)、“其他(含创新创业课程、学科竞赛、发明创造、科研报告)”(3 学分)。该环节通过课外实践,培养学生创新创业能力。

城市地下空间工程专业课程学时分类统计如图 3-2 所示。

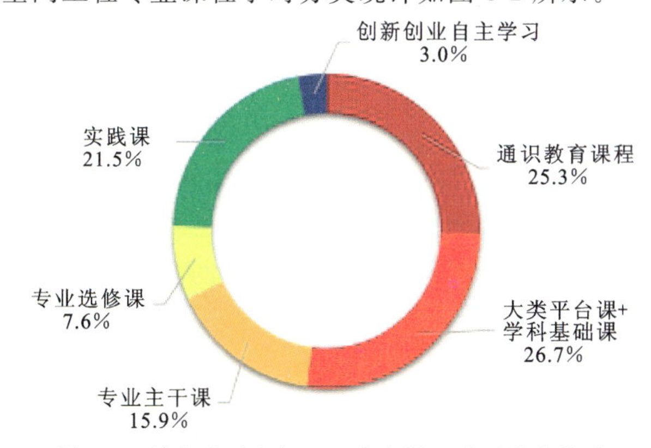

图 3-2 城市地下空间工程专业课程学时分类统计

第二节 地下工程核心课程建设

课程建设是高校教学工作的重中之重，是提高课程质量的必要措施，是衡量学校教学与学术水平的重要标志，是高校人才培养质量的根本保证，也是新工科建设的核心内容，直接决定了新工科建设愿景的实现。

一、地下工程核心课程建设思路

1. 以教育部提出的《关于深化本科教育教学改革全面提高人才培养质量的意见》为依据

2019 年 10 月 8 号，教育部发布《关于深化本科教育教学改革全面提高人才培养质量的意见》(简称《意见》)。《意见》提出：全面提高课程建设质量，立足经济社会发展需求和人才培养目标，优化公共课、专业基础课和专业课比例结构，加强课程体系整体设计，提高课程建设规划性、系统性，避免随意化、碎片化，坚决杜绝因人设课。实施国家级和省级一流课程建设“双万计划”，着力打造一大批具有高阶性、创新性和挑战度的线下、线上、线上线下混合、虚拟仿真和社会实践“金课”。积极发展“互联网＋教育”、探索智能教育新形态，推动课堂教学革命。严格课堂教学管理，严守教学纪律，确保课程教学质量。推动高水平教材编写使用。高校党委要高度重视教材建设，落实高校在教材建设中的主体责任，健全教材管理体制机制，明确教材工作部门。鼓励支持高水平专家学者编写既符合国家需要又体现个人学术专长的高水平教材，充分发挥教材育人功能。

2. 以教育部提出的《关于一流本科课程建设的实施意见》为依据

2019 年 10 月 30 号，教育部发布《关于一流本科课程建设的实施意见》(简称《实施意见》)。《实施意见》指出：课程是人才培养的核心要素，课程质量直接决定人才培养质量。为贯彻落实习近平总书记关于教育的重要论述和全国教育大会精神，落实新时代全国高等学校本科教育工作会议要求，必须深化教育教学改革，必须把教学改革成果落实到课程建设上。《实施意见》要求：以习近平新时代中国特色社会主义思想为指导，贯彻落实党的十九大精神，落实立德树人根本任务，把立德树人成效作为检验高校一切工作的根本标准，深入挖掘各类课程和教学方式中蕴含的思想政治教育元素，建设适应新时代要求的一流本科课程，让课程优起来、教师强起来、学生忙起来、管理严起来、效果实起来，形成中国特色、世界水平的一流本科课程体系，构建更高水平人才培养体系。《实施意见》提出：全面开展一流本科课程建设，树立课程建设新理念，推进课程改革创新，实施科学课程评价，严格课程管理，立起教授上课、消灭“水课”、取消“清考”等硬规矩，夯实基层教学组织，提高教师教学能力，完善以质量为导向的课程建设激励机制，形成多类型、多样化的教学内容与课程体系。经过三年左右时间，建成万门左右国家级和万门左右省级一流本科课程（简称一流本科课程“双万计划”）。

3. 地下工程核心课程建设思路

核心课程是专业根据人才培养目标凝练的最重要的专业必修课程。这些课程以专业基本的理论知识和实验（实践）能力要求为主要内容，是反映专业水平的重点课程。“城市地下空间规划及利用”“地下建筑结构”和“地下建筑工程施工”课程是重点建设的专业核心课程。地下工程核心课程建设思路为：结合国家教育战略部署，围绕新工科建设的目标任务，以学生为中心，以学生学习产出为导向安排课程内容；精心组织并不断优化课程内容，注重吸纳最新科研成果和研究进展；注重理论与实践相结合，知识传授与能力培养相结合；重视课程内部以及与前继、后续等课程的有机联系和系统衔接。精心组织教学内容，高效组织课程教学，加强学生学习的过程化考核与管理，创新学业评价模式；充分挖掘课程的思政元素，加强课程思政建设，充分发挥课堂主渠道在高校思想政治工作中的育人作用；培育一流课程，申报国家级、省级一流课程；加强信息技术在教学中的应用，推动课程线上化建设。

二、地下工程核心课程建设

1.“城市地下空间规划及利用”课程

1）课程目标

本课程是城市地下空间工程的专业主干课，也是土木工程地下建筑方向的专业选修课。本课程以城市地下空间的规划与设计为主要内容，涉及城市地下空间开发利用的模式、总体规划的一般原则、地下街的规划与设计、城市轨道交通的规划与设计、地下车库的规划与设计、地下公共设施的规划与设计、城市仓储物流系统的规划与设计、地下空间的环境及灾害控制等内容。学生通过本课程的学习能够了解城市地下空间开发利用规划与设计的基本理论，为从事城市规划设计与城市建设及管理方面的工作打下坚实的基础。

2）教学内容体系构建思路

从 21 世纪初开始，我国以城市轨道交通为龙头的地下空间开发利用得到不

断推进，目前已经进入了城市地下空间建设的高峰期。随着地下空间功能的不断丰富，也出现了如城市轨道交通、城市地下道路、地下综合体、地下停车库、城市综合管廊、地下人防设施等多种类型的地下空间设施(蒋雅君等，2023)。2019年颁布实施的《城市地下空间规划标准》(GB/T 51358—2019)和国内各地逐步推出的相关的地方标准和管理文件，标志着我国城市地下空间开发利用的规划工作正朝着有序发展的方向快速推进。

在课程知识体系构建过程中，为了让学生系统掌握城市地下空间规划与设计的相关基础理论和方法，在课程授课内容中反映当前城市地下空间规划的最新理论研究及实践成果，作为学生从事相关工作的基础，注重城市地下空间规划的学科交叉性、地上地下规划的统一和协调。突出地质特色，在武汉市轨道交通规划、设计方案和长江新城的地下空间规划、设计方案的基础上，结合武汉市的地质条件、水文地质条件，分析地质因素对地下空间规划和利用的影响。

3)课程教学建设

课程总学时为24学时，其中讲课学时为20学时，实验学时为4学时。课堂教学内容包括以下内容。

(1)地下空间规划与利用绪论。此部分内容主要包括城市地下空间的概念、范畴及特征，地下空间利用的发展历史，发展城市地下空间的紧迫性和必要性以及国内外城市地下工程发展现状。

(2)城市地下空间利用的基本形态。此部分内容主要介绍地下空间分类，详细介绍地下轨道交通、地下快速路、地下停车场、地下商业街、地下公共设施、地下仓储设施、地下人防工程、城市地下空间开发前景。

(3)城市地下空间规划原理。此部分内容主要介绍城市地下空间规划内容，包括总体布局、地下空间规划与开发理论、规划实例。

(4)城市轨道交通规划及设计。此部分内容主要介绍地铁路网规划，包括地铁线路设计、地铁车站设计、地铁出入口设计及地铁运营系统基本知识，规划实例等。

(5)地下停车库规划及设计。此部分内容主要介绍地下停车库分类与特点、地下停车库规划设计方法、地下停车库交通组织、地下停车库主体及建筑设计、防火及消防布置、规划实例。

(6)地下商业街的规划及设计。此部分内容主要介绍地下商业街的发展与特点、地下商业街规划布局、地下商业街建筑设计、地下商业街的空间艺术设计、规划实例。

(7)地下仓储及物流系统规划及设计。此部分内容主要介绍地下仓储空间的特点及类型、地下仓储空间的地质条件、物资型仓储空间规划及设计、能源型仓储空间规划及设计、地下物流系统规划、地下物资库规划实例。

(8)城市地下市政公用设施规划及设计。此部分内容主要介绍城市市政公用设施概述、城市地下市政管线分类及布置原则、城市地下市政场站类型及规划布置、城市综合管廊规划及设计。

(9)城市地下空间环境调控及灾害控制。此部分内容主要介绍城市地下空间环境特点、地下空间环境调控主要手段、城市地下灾害类型及特点、地下空间减避灾规划及设计。

课程配置实验教学环节共计4学时,安排2个实验。

(1)城市地下空间空气、声音、光照环境检测分析实验。该实验针对城市地下空间空气、声音、噪声等环境特点,围绕环境变量指标(温度、湿度、空气流速、气压、分子浓度、照明亮度、噪音分贝等),在中国地质大学(武汉)东教学楼地下停车场、地大隧道等地开展现场测试分析的现场教学实践工作。

(2)地下空间火灾烟气流动规律模拟实验。该实验开展不同类型城市地下空间(地铁、隧道、综合管廊、地下商业场所等)火灾危险源调查辨识及其风险评估;结合不同功能类型小尺度模型实验(地下隧道、地下车站、地下商场等)、PyroSim软件、CFD软件等数值模拟实验,让学生掌握不同条件下空气运动场、温度场及有害气体分布运移规律。并有针对性地提出最佳人员疏散布置路径,并利用数值计算手段进行救援疏散效果模拟验证。

4)课程设计建设

课程设计是学生在该课程的课堂学习之后,课程集中1～2周时间,以个人独立完成或团队分工合作等方式,围绕某一设计题目进行的专业实践活动,旨在巩固、强化、拓展学生所学知识,提高学生实践操作能力和自学创新能力,培养学生的团队合作意识,是高等教育教学活动中的重要实践环节。为了进一步提升人才培养质量,加强实践教学环节在培养方案中的作用,学校对“城市地下空间规划及利用”课程设置了相应的课程设计环节(课程代码:40544700),并实现了土木工程、城市地下空间工程专业教学的全覆盖。

(1)课程设计教学目标。通过“城市地下空间工程规划及利用”课程进行教学设计,使学生进一步巩固该门课程的基础知识,深入了解各种城市地下功能空

间的规划原理和结构的基本建筑设计要求，并能熟悉各专项规划与设计的流程步骤；使学生基本具备对城市地下空间进行规划设计所需的调查研究能力、综合分析能力、规划表达能力；使学生在课程设计全过程能够选用恰当的工程专业工具，进行原始数据整理、重要建筑结构计算及绘图，对规划设计结果分析判断，并熟悉和掌握 AutoCAD、Office、Photoshop、GIS 等专业工具的使用；培养学生团队合作精神及协调沟通能力，理解土木工程师应承担的责任。

(2)课程设计流程及进度安排。课程设计主要由教师选题，布置任务书，学生实践、教师指导、过程检查与最终考核等环节组成。其中，课程设计任务书的制订是课程设计的首要环节，学生实践是主要环节，教师指导是教师了解学生完成进度、发现问题并给予辅导与建议的过程，考核是对学生的成果进行检查与评价，包括过程考核与最终考核。过程考核贯穿整个课程设计的始终，主要考核学生在整个实践环节中的调查、分析、设计的完成情况；最终考核通过学生成果汇报或答辩来实现。

(3)课程设计选题要求。课程设计题目由指导教师拟定，符合以下要求：①满足培养方案和教学大纲的基本要求，体现所服务课程的综合内容，能使学生得到较为全面的规划设计和实践训练；②应尽可能有实用且实际的工程背景；③难度和工作量应符合学生的知识和能力状况，并可在规定的时间内完成任务；④鼓励支持指导教师结合自身的科研项目经提炼加工后形成适合学生的设计题目和任务要求。

5)教材建设

相较于传统的土木工程、地质工程等专业，城市地下空间工程专业发展历时短，尚未形成权威的人才培养方案体系及配套的教材支撑材料。

针对理论教学环节，近几年国内相继出版了一批地下空间规划及设计的教材，对不同地下空间利用模式，如地下交通设施、地下商业设施、地下市政设施等的规划原理作了详细的介绍，也在相应的章节中安排了相关案例进行说明。但现有教材仍无法满足本专业学生课程设计、毕业设计等实践教学的标准及过程化需求。目前，国内外还尚未出版服务于城市地下空间规划的课程设计/毕业设计的实践类专业教材。

针对地下空间规划类课程发展现状及实践教学的迫切需求，地下空间规划及设计教学团队紧密围绕新时代下高校工程人才培养目标，紧跟行业发展前沿和需求，参考最新教材及规范标准，也参考大量代表性工程案例成果，吸收和借鉴最新行业领先技术，出版了《“城市地下空间规划及设计”课程设计指导书》，已由中国地质大学出版社出版发行，可供兄弟院校参考借鉴。

2.“地下建筑结构”课程

1）课程目标

本课程是城市地下空间工程专业和土木工程地下建筑方向的专业主干课。通过本课程的学习，要求学生了解地下工程专业培养目标的人才素质要求；了解地下建筑结构基本概念、地下洞室围岩稳定性分析、地下建筑结构设计方法、围岩分级与初期支护设计、隧道衬砌结构计算、基坑支护结构、盾构法、顶管法与沉管法隧道结构等。激发学生的专业学习热情，为土木工程师的初期培养打下基础，培养学生关于地下工程结构知识的基本素养。

2）教学内容体系构建思路

随着地下空间建设水平的进步，“地下建筑结构”课程知识体系也与时俱进。在课程知识体系构建过程中，一方面，将最新科研成果和研究方法及时准确地融入教学内容中，作为学生从事相关工作的基础。另一方面，邀请地下工程设计领域学者和业界精英，举办地下工程系列学术讲座，引导学生对所学内容进行创新整合与反思。加强校企合作，在专业认识实习中带领学生参观、学习最新设计理念下的地下结构工程。

3）课程教学建设

课程总学时为 40 学时，其中讲课学时为 36 学时，实验学时为 4 学时。课堂教学包括以下内容。

（1）基础理论。基础理论包括地下建筑结构的定义、组成与特点、分类；土层和岩石中地下结构的常见结构形式和结构设计的一般程序与内容；土层和岩石地下衬砌结构的荷载，结构弹性抗力的概念和计算理论，常见荷载的计算方法和弹性抗力的局部变形理论计算方法。地层与地下结构共同作用的概念、分析原则和工程应用。

（2）工程应用。工程应用包含以下内容：①钻爆法隧道、盾构法（TBM 法）隧道和沉管隧道结构的适用环境和构造，设计计算内容和方法；②基坑支护结构的分类和形式，基坑分级与方案选择，荷载计算和基坑支护验算；③顶管、管幕及箱涵结构设计计算内容和方法；④沉井与沉箱结构的类型和特点，设计计算内容和方法；⑤附建式地下结构的结构选型和设计计算内容。

讲课内容中包含工程实例 3 个：①武汉地铁 2 号线过江隧道设计；②东湖隧

道设计;③光谷广场综合体设计。

武汉地铁2号线过江隧道是中国首条从江底跨长江的地铁,是中国地铁建设的一个里程碑。东湖隧道是全国最长的湖底隧道,2015年建成通车后,穿越武汉东湖的时间从原来的1h缩短为10min,极大地改善了武昌区的交通,也对加强东湖景区环境保护与开发等方面发挥了显著作用。光谷广场综合体目前为亚洲规模最大的城市地下综合体,集轨道交通工程、市政工程、公共空间于一体的五线交会超级工程。由于这3个工程就在我校附近,同学们可以进行实地体验。在课堂上,通过工程模型图、透视图等,让学生了解实际工程中的设计流程和设计文件,建立学习相关知识的框架体系,再在此基础上深入学习设计理论、计算过程、构造要求等具体内容(黄博等,2021)。工程实例能帮助学生对地下结构各构件尺寸、内部配筋形式等建立初步印象,有助于掌握具体的构造要求,以便后期独立地开展设计工作。

课程实验共4学时,包含2个实验。①隧道教学模型实验。参观隧道结构模型、小净距隧道模型、连拱隧道模型、模板台车模型、台阶法开挖模型、CRD法开挖模型、单侧壁法开挖模型、双侧壁法开挖模型、CD法开挖模型、环形导坑留核心土法开挖模型、盾构开挖模型等大比例尺隧道模型。②大型地下空间工程物理模型试验平台实验。该平台可模拟各类基坑开挖、地基承载力测试、隧道(洞)开挖、矿山开采、城市地下商城及地下管道建设等地下工程,能够直观地看到地下工程围岩的变形过程。通过实验,可分析地下工程施工过程中围岩的应力、应变和位移等变化特征,支护与地下工程围岩的相互作用以及在大气降水、地下水、外载等作用下地下工程的破坏过程,为选择合理的支护方案和发展有关的设计及施工理论提供依据。

4)课程设计建设

课程设计学时为1周,针对地下建筑工程方向的学生和城市地下空间工程专业的学生开设,选择不同的设计内容。

(1)新奥法设计和施工的山岭公路隧道。设计报告主要内容包括主体结构设计,绘制建筑限界图、初期支护图、隧道衬砌图、内力计算图以及结构施工图的绘制。

(2)盾构法隧道管片设计。设计报告主要内容包括盾构法隧道管片结构布置和构件截面尺寸估选、荷载及其组合计算、均质圆环内力分析、管片配筋计算、管片接缝验算以及结构施工图绘制。

3.“地下建筑工程施工”课程

学校“地下建筑工程施工”课程的教学发展历史悠久，20 世纪 80～90 年代开设的“勘探掘进学”课程是“地下建筑工程施工”课程最初的雏形。1998 年以专业调整为契机，开设了“地下建筑设计与施工”的主干专业课，随后又发展为独立的“地下建筑工程施工”课程，拥有自编教材和专业的教师团队。

1)课程目标

本课程是城市地下空间工程专业和土木工程地下建筑方向的专业主干课。通过课程学习，学生能够掌握当前地下工程普遍应用的施工技术、施工方法和施工工艺，能够应用数学、自然科学和工程科学的基本概念，识别、表达、并通过文献研究分析复杂的地下建筑施工问题，以获得有效结论；能够设计（开发）满足土木工程特定需求的体系、结构的施工方案，并在设计环节考虑社会、健康、安全、法律、文化以及环境等因素；在提出复杂施工问题的解决方案时具有创新意识；在与土木工程专业相关的多学科环境中理解、掌握、应用工程管理原理与经济决策方法，具有一定的组织、管理和领导能力。

2)教学内容体系构建思路

随着地下空间开发如火如荼地开展，地下工程施工技术领域的新技术与新工艺不断涌现，教材的更新速度低于技术、工艺的更新速度（濮仕坤等，2016）。因此，在课程知识体系构建上紧跟施工技术发展前沿，及时将地下工程施工中的新技术、新方法、新工艺、新设备知识引入课堂，同时在课程中加强实践性教学环节。此外，将重大工程的一线专家请进课堂，举办讲座，详细介绍工程中遭遇的难点和解决方案。最后，结合武汉本地工程实例，分析地质条件对地下工程施工的影响。

3)课程教学建设

课程总学时为 48 学时，其中讲课学时为 42 学时，实验学时为 6 学时。讲课内容主要包括 4 个部分。

(1)地下岩土开挖。该部分主要包括隧道钻爆法开挖施工技术，竖井、斜井钻爆法开挖施工技术，隧道盾构法施工技术，掘进机（TBM）施工技术，基坑工程施工技术，盖挖法施工技术，沉管隧道施工技术，新奥法（NATM）施工与监控量测。

(2)隧道支护施工。该部分主要介绍隧道支护施工技术中的锚杆支护施工、喷射混凝土支护施工、数值模拟方法在优化锚喷支护参数中的应用、钢拱架支护

施工、混凝土衬砌施工、隧道超前支护施工。

(3)地下工程防排水施工。该部分主要介绍地下工程中常遇的地下水、地下工程防排水原则及地下工程细部防水技术。

(4)地下建筑工程施工组织与计划。该部分主要介绍施工组织设计的编制方法及施工组织计划方法。

课程内容中包含3个工程实例。

(1)东湖隧道特点及施工方案。穿越东湖湖底,关键难点在于建设中如何尽可能不影响东湖生态及周边环境,故东湖隧道工程施工采用了围堰明挖的施工方法,该施工方法技术难度高,是国内湖底隧道施工技术的标杆。为了减少施工期间占用过大湖面,湖中围堰采用双边围堰。由于湖面在刮风时浪高达0.2~0.5m,为了保护水质,同时减少风浪在施工期间对围堰的冲击,围堰采用钢板桩围堰,双侧围堰总长8100m。为了保护景区自然天际线,隧道采用"自然通风+竖井分段通风"的通风方案;火灾通风方案采用"半横向排烟+自然排烟+纵向排烟"相结合的方案(吕锦刚等,2014)。此外,还对围堰内有害淤泥进行了无害化处理。

(2)武汉地铁穿越岩溶区施工方案。武汉的轨道交通2号线、3号线、4号线、6号线、7号线、11号线、2号线南延线、12号线等工程都遭遇到了岩溶问题。27号(纸坊)线是武汉市首条在岩溶区上建起的地铁线,线路全长16.96km,均为地下线,设站7座,盾构区间6个,矿山法区间2个。全线共有溶洞4345个,仅大花岭街—江夏客厅站就有2284个,其中最大溶洞垂直高度约31m,最宽近50m,施工过程中面临地面塌陷、涌水突泥等地质灾害多项难题。

纸坊线在穿越青龙山时,建成了全国地铁最大矿山法暗挖区间—全线暗挖区间左右线共7.2km,其中一段单洞双线隧道为576m,最大开挖断面160m^2。根据矿山法区间不同的地质情况,引进了隧道综合掘进机(综掘机)进行隧道开挖。

(3)港珠澳大桥沉管隧道工程难点及施工方案。港珠澳大桥海底隧道是我国第一条外海沉管隧道,也是目前世界唯一深埋大回淤节段式沉管工程。沉管总长5664m,分33节,标准节长180m,宽37.95m,高11.4m,单位节重74 000t,最大沉放水深44m(吕勇刚,2017)。工程中遭遇的难题有:①隧道沿线基底软土厚度0~30m,由于纵向管底地质条件复杂、埋深大,导致管顶回淤荷载大,管节沉降控制成为施工的难点;②由于是深埋沉管,导致节段接头受力及防水风险高;③由于工程地处外海,气象水文条件复杂,工程区日均船舶超过4000艘,航线复杂,海上安全管理难度大;④珠江口巨型沉管安装面临深水深槽、基槽回淤、大径流等世界级难题，风险高。

由于海底隧道是全桥的控制性工程，在设计和施工中秉承“大型化、工厂化、标准化、装配化”的理念，确保了工程质量及工期，获得了多项技术创新。①“复合地基＋组合基床”的基础方案：通过不同置换率的挤密砂桩、高压旋喷、PHC刚性桩等复合地基实现隧道基础刚度平顺过渡；通过“抛填块石＋碎石垫层”的组合基床实现硬化基础、分布荷载、调节基底平整度，将国际上同类隧道一般20cm左右的沉降量控制在5～8cm。②提出“半刚性”沉管纵向结构体系，提高了沉管结构安全度及节段接头水密性。③采用工厂法进行管节工业化生产，实现了世界最大沉管的标准化预制，提高了工效和质量。④研发了沉管沉放安装集成系统，攻克了深水深槽、基槽回淤、大径流等珠江口流域特有的难题，形成具有自主知识产权的外海沉管安装核心技术体系，实现管节在40多m深的海底精准对接。

通过以上工程施工中遭遇的难点问题及解决方案的详细讲解，极大地开阔了同学们的视野，特别是施工过程中，技术人员勇于拼搏、无私奉献的精神更是激励了同学们，起到了很好的课程思政效果。

课程实验6学时，包括4个实验。①隧道工程新奥法施工国家虚拟仿真平台实验（自学）。②盾构法（土压平衡式）施工过程全景模拟仓实验。针对城市地铁隧道盾构法施工过程盾构机的工作原理、实时操作环节予以模拟，指导学生掌握盾构机构件组成、工作原理、驾驶操作等实训环节。③TBM（岩石掘进机）施工过程精细动态演示模型实验。针对山岭隧道施工过程TBM的工作原理、机械动态予以模拟，指导学生掌握掘进构件组成、工作原理等实训环节。④顶管法施工过程精细动态演示模型实验。针对顶管法隧道施工过程的工作原理、机械动态予以模拟，指导学生掌握掘进构件组成、工作原理等实训环节。

4）课程设计建设

课程设计学时为1周，针对地下建筑工程方向的学生和城市地下空间工程专业的学生开设，选择不同的设计内容。

（1）地下建筑工程方向。根据任务分配编写《地下建筑施工课程设计》一份，进行隧道的初期支护、二次衬砌、总体施工方案、钻爆参数、机械设备配置、进度计划等（不局限于上述内容）设计和施工内容的设计，含必要的图、表、计算等。采用word和CAD进行设计撰写，打印装订。按中国地质大学（武汉）本科毕业论文格式要求排版。

工程概况基本资料：为满足人员及车辆通行要求，实施人车分流。拟在南望山新建隧道工程，地大隧道二期工程，隧道设计全长 520m，隧道埋深 100m；隧道围岩主要类型、断面形式、围岩级别详见个人任务安排；其他未规定的参数自由取值。

要求完成的设计第一部分的工程概况介绍内容中，需对所安排的隧道断面形式、尺寸及围岩级别相关信息进行说明。

(2)城市地下空间工程方向。根据任务分配编写《地下建筑施工课程设计》一份，进行地铁站基坑及地铁隧道总体施工方案、掘进机参数、机械设备配置、进度计划等(不局限于上述内容)设计和施工内容的设计，含必要的图、表、计算等。采用 word 和 CAD 进行设计撰写，打印装订。按中国地质大学本科毕业论文格式排版。

工程概况及基本资料：武汉市轨道交通某线路武-广区间标段，包括 2 个深基坑工程及 1 段区间隧道工程，其中区间隧道总长 1.5km，车站基坑宽 X、基坑深度约 Y(基坑尺寸见个人任务安排)。车站基坑及区间穿越段附近有立交桥及湖北省文物保护古建筑。该区域内地层特点是上部为人工填土层及塘内淤积物，下部为全新统冲积层黏土、细砂。要求完成的设计中第一部分的工程概况介绍内容中，需对所安排的基坑尺寸及面积相关信息进行说明。

5)教材建设

专业十分重视建材建设的新颖性和规范性。2000 年，陈建平、吴立主编的教材《地下建筑工程设计与施工》正式出版。2008 年，由周传波、陈建平等主编的《地下建筑工程施工技术》一书，是结合地下施工技术的发展，全面介绍不同应用领域和不同施工条件下的普通高等教育“十一五”国家级规划教材。由于施工技术的不断创新和发展，现有课程教材内容存在落后或滞后的现象。为了满足教学及人才培养要求，结合最新规范，2022 年，蒋楠、焦玉勇等编写的《城市地下空间工程施工技术》教材出版，引起业界广泛关注。

第三节　地下工程教学方法改革

一、教学方法概述

教学是高等院校的首要工作，在高等教育活动中占有重要的地位。大学教学的基本特征是认识已知与探索未知的统一、认识世界与改造世界的统一、专业性与综合性的统一、个体认识社会化与社会认识个体化的统一。教学方法是教师和学生为了实现共同的教学目标，完成共同的教学任务，在教学过程中运用的方式与手段的总称。王道俊、王汉澜主编的《教育学》一书认为："教学方法是为完成教学任务而采取的办法。它包括教师教的方法和学生学的方法，是教师引导学生掌握知识技能，获得身心发展而共同活动的方法。"教学方法是教学思想的具体体现，并因其教育目的的不同而有不同的体现。选择正确合理的教学方法对实现教学目标、保证教育质量及培养新工科创新人才具有非常重要的意义。

1. 大学教学模式和现代教学方法

(1)传统教学模式。传统教学模式创始人德国约翰·弗里德里希·赫尔巴特认为，教学目的是传授系统的学科知识，教学原则是以教师为中心、以教材为中心、以课堂为中心的教学过程，包括组织教学、复习旧知、讲授新知、概括总结、巩固应用；提出了"明了—联想—系统—方法"的四步教学法。传统教学方法十分重视教师的教，提倡师道尊严，十分强调教师在教学中的突出地位，易忽略学生的主体地位和个体差异，加上教学活动的内容比较单调，学生很容易出现"机械学习，呆读死记"的状态。

(2)现代教学模式。19 世纪末，美国著名实用主义教育家杜威提倡从人的天性出发，促进个性的发展，这与赫尔巴特的传统教育思想形成了巨大的反差。杜威在教学方法上主张"从做中学"，并在此基础上提出了"情境、问题、假设、推论、验证"的五步教学法，与赫尔巴特的四步教学法相比，"五步教学法"强调以活动为中心，学生在"做"的过程中发现问题的真实性和有效性。这也就把传统教育的"教师中心、书本中心、课堂中心"转变成了现代教育的"学生中心、经验中心、活动中心"。教学的目的是发展学生的能力，教学原则是以学生为中心、以学生的社会活动为中心，提出问题、分析问题、提出假设并加以验证。

现代教学方法是相对于传统教学方法而言的，常用的现代教学方法有斯金纳的"程序教学法"、布鲁纳的"发现教学法"和洛扎诺夫的"暗示教学法"，现代教学方法的特点如下。①交流模式的多向性。现代教学方法是在批判传统教学方法的基础上发展起来的，不再局限于教师同学生的单向交流模式，而是通过师与生、生与生、师与师之间的多向交流模式，形成立体的信息交流网络，有利于调动学生学习的积极性，充分发挥学生在教学活动中的主体地位，从而达到提高教学效果的目的。②目标达成的综合性。现代教学方法不仅注重教学过程中认知目标的发展，而且追求学生情感、智力、意志等非认知目标的培养。现代教学方法体现了教学目标的兼容性和综合性，反映了现代教学理论在方法论上的提高，顺应了现代社会对人才培养的新要求，有利于学生综合素质的提高。

2. 现代教学方法的发展趋势

相对于传统教学法，现代教学方法已经有了很大的进步。随着21世纪科技的不断发展和教学方法改革的进一步深入，教学方法在未来将会呈现以下的发展趋势。

(1)借助多元信息及互联网、人工智能手段，教学方法由单一性趋向多样性。

唐辉明等(2018)指出传统教学方法枯燥乏味，教学模式单一，只注重系统知识的传授，而忽略学生智能的发展。现代教学方法过分注重学生个性的培养，弱化基础知识的系统讲授，使教学质量难以保证。崔光耀等(2020)从调动学生学习积极性、优选教学内容、完善教学方法、加强实验教学、引入数值模拟技术、观看典型工程施工过程录像等方面进行教学改革的初步探索。刘斌等(2021)指出，在以物联网、大数据、人工智能等为核心驱动力的新一轮科技和产业革命下，城市地下空间基础设施建设及运行也迈进“智能化建造、智慧化服务”的新时代。目前城市地下工程学科课程内容严重滞后，先进的大数据分析处理手段，如机器学习、深度学习等还未引入课本，或者只是作为独立的内容供学生学习，未能做到前沿方法与课程的有效结合。

实践证明，课堂上单一的教学方法较难反映出教学过程的本质，教学内容的丰富性、教学对象的差异性以及教学目标的多样性需要教学方法的多样化。传统教学方法和现代教学方法应该相互融合，以适应现代教学发展的需要。学生能力的培养也需要多种教学方法的融合，学生认知、情感、技能的协调发展不可能仅仅通过一种教学方法达成。多种教学方法的相互融合不是把某种教学方法简单地拼凑在一起，随机地运用到教学过程中，而是重视各教学方法之间相关性和互补性，在此基础上实现多种教学方法的最优化结合。

因此，未来教学方法将借助多元信息及互联网、人工智能等手段，教学方法由单一性转向多样化，倡导最优化理念，促进智能化工程思想融入地下工程专业学生培养的全过程。

(2)重视启发式教学的应用，加大深度学习教学的设计和思维训练。

启发式教学在本质上不是一种具体的教学方法，而是一种教学指导思想，是相对于注入式教学而言的。同一种教学方法在不同的教学指导思想下产生的教学效果会大有不同，同样是讲授法，在注入式教学思想的指导下学生就是一个接受知识的容器，而在启发式教学思想的指导下则会激发起学生的学习兴趣，使学生喜欢学习、乐于学习。启发式教学的特点就是可以最大限度地使学生在掌握知识、发展技能中发挥自己的主体作用。通过巧妙的教学设计，运用启发式教学，引导学生深度思考和深度学习，有助于学生自主学习思维的训练和培养，达到因材施教的教学效果。

(3)扩大跨学科专业合作，加强新工科建设复合型人才的培养。

技术革命要求学生知识范围广口径宽，以适应未来行业的发展需要，与我国经济转型和产业升级相匹配。张东海等(2021)通过合理定位人才培养特色、构建多维交叉融合课程体系、组建多学科融合师资队伍、打造多元化协同育人实践平台、推进科研创新和科技竞赛融入教学、开展高水平国际化合作办学等举措，形成多学科交叉融合的建环专业特色办学模式，实现人才培养模式的创新。

因此，新工科技术背景下地下工程专业人才培养离不开其他专业课程的通力合作和学科交叉。在实践教学及创新竞赛中引入新工科的内涵，打破不同学科之间的界限，形成多学科交叉融合的合作模式；鼓励不同学院老师共同指导学生的学科竞赛，鼓励跨学院学生共同组队参赛，参赛学生可充分利用本学科知识，多专业融合，团结协作，在“跨界合作”中，最大程度实现知识的交叉运用；以学生兴趣为出发点，支持学生选修通识教育选修课，跨专业甚至跨学院选择创新训练课题，培养学生科学研究的能力，激发学生求知欲和探索精神；鼓励老师进行跨学科实践教学的课程建设和教学改革立项，提供经费支持，促进跨学科专业合作。跨学科专业合作拓宽学生知识视野，使学生全面了解各专业的学科发展前沿以及主要的科技水平，从而加强新工科建设复合型人才的培养。

(4)推进校企合作深度和广度，加强新工科实践教学环节的教学内容。

建设和发展新工科是国家重大战略实施及经济社会发展的必然要求，是我国新时代提高国际竞争力、影响力、软实力的必然要求，同时也是深化当前工程教育人才培养模式改革，提高工程科技人才适应新时代社会需求的现实需要。新工科实践教学是新工科建设中必不可少的一环，也是地下工程专业创新人才培养的重要支撑。国内中国制造与中国基建相结合，大型企业作为新技术和新设备的集成及应用先行者和推广者，为国内外大型基础建设、重大活动和“一带一路”国家提供全面软硬件服务与解决方案能力的亮眼表现，体现了国家数字经济和绿色经济发展战略。这种大型企业能为学生提供各种复杂的新工科实践教学工程项目，提供企业专家、行业大师和大国工匠的指导，将会极大丰富学生的知识、开阔学生的眼界，提高管理、领导、沟通能力和解决实际问题的能力，有利于培养学生团结协作意识、职业认同感和自豪感；以社会主义核心价值观和企业文化为引领，融入党的新思想新理念，使人才的培养与国家重大战略和社会重大需求相结合，培育学生家国情怀。

目前我国大部分企业还未能真正深入地参与到高校工程创新人才培养中，而高校的科研成果也未能真正在产业界得到很好的应用，这制约了我国科技水平的发展和创新人才的培养。因此，推进校企合作深度和广度，加强新工科实践教学环节的教学内容，提升校企合作及新技术成果的转化能力和应用，进行专业教学与产业发展对接尤为重要。

随着社会的发展，未来教学方法和教学手段还会发生其他的变化，掌握教学方法发展的大趋势可以在深化教育改革、提高教育质量方面实现新的发展。

二、新工科背景下地下工程专业教学方法中存在的问题及改革思路

面对人工智能与机器人技术等新兴技术的兴起，需要抓住专业改造升级机遇，发挥原有地质工程、土木工程和安全工程学科优势，实现地下工程专业的再次升级。教学环节是地下空间工程专业建设的重要组成部分，亟须进行改革以适应国家与社会对科技创新人才的要求。

1. 存在的问题

首先，新工科建设背景下课程教学内容及教材更新普遍滞后。创新人才是新工科建设和创新型国家建设的第一资源，高等院校的课程又是创新人才培养的重要渠道和着力点。目前很多学校在相关学科设置、课程内容更新中行动迟缓，甚至严重滞后。很多教材还停留在几年前甚至更早，新知识、新技术、新应用还不能及时地反映在教材之中，教材建设普遍滞后于科技的发展和企业的实际应用，与新工科背景下地下工程专业创新型人才的培养之间矛盾日益突出。如教材中关于隧道的施工方法，主要涉及传统的矿山法、新奥法、钻爆法和简单的TBM等施工方法，而国内外隧道建设的最新施工理念、方法、工艺和先进的地下工程掘进装备，以及与BIM技术、云计算、物联网、数字孪生、元宇宙等高度融合的智慧建造、管理技术等却较少提及。教师授课时无法及时与学生交流教材中未涉及的地下工程领域的新信息，导致课堂教学内容陈旧；实践教学内容也不全面，造成学生课程理论和实践学习不到位。一方面，高校毕业生人数年年攀升；另一方面，新兴产业的高新企业招不到合适的人才。高素质创新复合型工程优

秀人才的供需矛盾日益突出，新工科建设背景下地下工程专业课程教学改革面临严峻挑战。

其次，教学手段相对简单形式化，学生学习主观能动性不足。地下工程专业深入地面以下，为开发利用地下空间资源所建造的地下土木工程，是一门与岩土工程、城市规划、隧道工程、结构工程等紧密相关的综合性专业，它包括地下房屋和地下构筑物，设计综合管廊、地下空间、地下铁道，公路隧道、水下隧道和过街地下通道等。地下工程专业传统课堂教学模式多采用固化的“PPT＋板书”教学，在课堂教学中对学生的启发不够，学生的参与度不高。教师普遍作为课堂的主导者，通过课堂单向传授学生理论知识，使课堂教学失去智慧和活力，这与新工科建设理念并不相符。课程教学不能仅仅依赖理论知识单一输入的教学模式，应采用智慧的多样化和立体化的教学模式，激发学生内心作为“工程人”的渴望。

再次，地下工程专业传统实践教学主要包括简单的室内试验、认识实习、野外生产实习和毕业实习 4 种实践方式，这在一定程度上培养了学生的实践能力和创新精神。然而，由于具体实践教学过程的形式化和固定化，实验教学多局限于简易的验证性实验，缺乏创新性强的自主设计实验。实习教学又大多存在“走马观花”式的“教”或“学”，因此需对当前的实践教学进行改革，以实现专业知识与工程实践产学研的真正融合。

最后，网络的发达及学习资源的丰富，“互联网＋”技术在地下工程专业课程教学模式中的应用已得到普及，许多学生对网络教学资源过度依赖，忽视真实课堂中与教师的互动，学生仍处于浅层学习状态，还需要积极推进符合新工科建设理念的课程理论和实践教学模式的探索。此外，目前的课程考核手段多采用“考试成绩＋平时成绩”形式，虽然主观上通过增加平时成绩的比例来提升学生的创新能力，但反而使得学生更依赖于教师平时成绩的手下留情，使学习变得更被动，忽视自主学习能力的培养。如何将调动学生主观能动性贯穿于教学全过程，值得深入思考和研究。

2. 改革思路

学校将地下工程专业特点与新工科建设的要求及现行教学方法相结合，坚持以国家四个面向为需求导向和问题导向，聚焦地下工程“卡脖子”问题的技术，形成了以地下工程问题和工程案例嵌入课程教学和紧密联系产学研一线企业的实践教学相结合的新工科现代化教学方法体系，培养学生的深度学习和创新性

思维，促进师生及时了解和掌握目前专业前沿战略性和需要久久为功的技术，并加快对相关知识的储备，为国家培养新工科建设背景下的创新人才。改革后的教学方法提升了教学效果。

学校地下工程专业新工科建设背景下教学方法体系如图 3-3 所示。

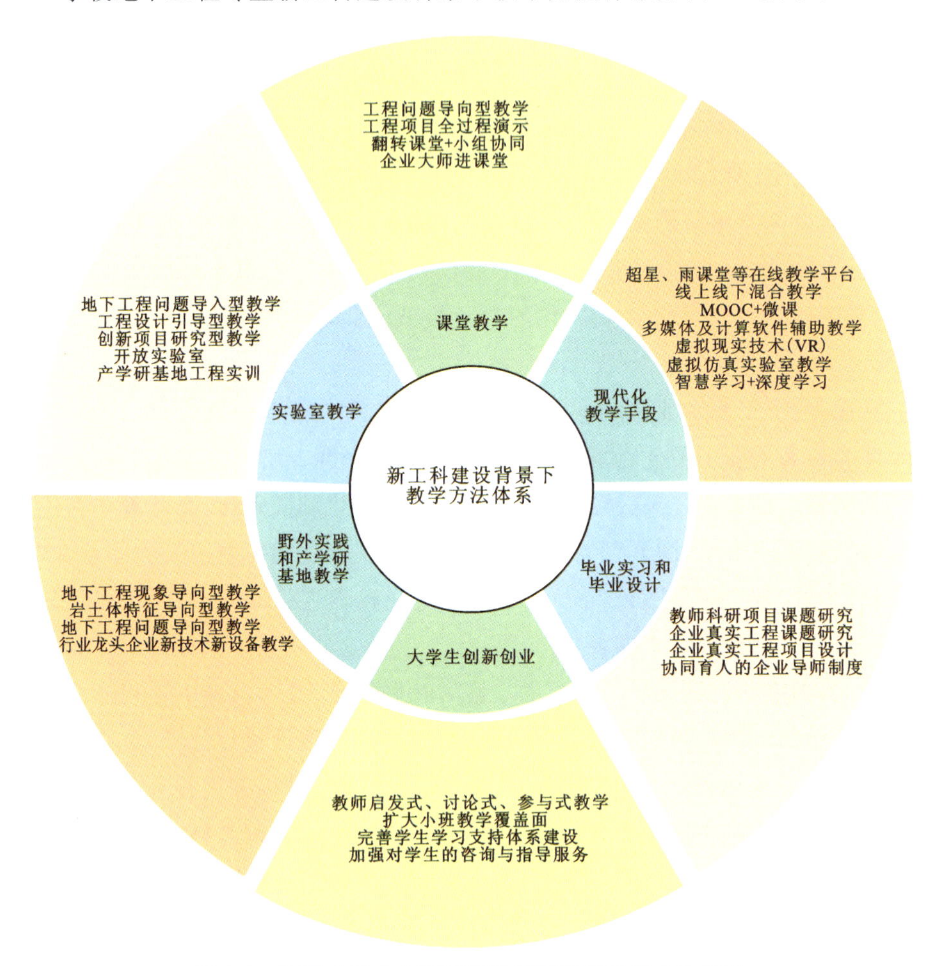

图 3-3　地下工程专业新工科建设背景下教学方法体系

三、改革成效

近年来，学校结合地下工程专业新工科建设背景下教学方法体系，针对地下工程专业教学中存在的问题，在各方面进行改革并取得了不错的成果。

1. 积极开展教学研究,加强教材建设和教学改革

学校地下工程专业任课教师积极开展教学研究,致力于教材和专著建设,积极开展课堂及实践教学研究,虚拟仿真实验教学一流课程建设、中国大学 MOOC 线上课程和省级线上一流课程建设。近三年地下工程专业人才培养中,教学改革取得了一系列成果,如“新奥法隧道施工工法虚拟仿真实验”2023 年获国家虚拟仿真实验教学一流课程,“城市地灾防控与地下空间开发”获批 2021 年度湖北省优势特色学科群(省一流学科),“土木工程材料”获批湖北省 2021 年度湖北省线上一流课程。该专业教师相继出版了《城市地下空间工程施工技术》《土木工程专业生产实习指导书地下建筑工程分册》《工程类专业英语科技论文写作与交流》《土木工程材料》《凿岩爆破》等教材。同时,学校还成立了大学生科技创新与创业能力培育中心。

2. 借助多元信息及互联网手段,丰富教学手段和内容

新工科建设背景下地下工程专业课堂教学和实践教学方法的改革离不开教师教学能力的提升、教学内容的实时更新和教学手段的多样化和现代化,但最重要的是教师需要转变传统的固化的教育教学理念。通过了解当前教育存在的问题、当代大学生的学习特点和心理特点,探索新工科背景下地下工程专业的教学策略,构建以学生为主体的智慧教学模式,倡导教学方法的最优化理念,增加师生互动,引导学生主动学习、深度学习、主动创新,激发学生学习内驱力,培养学生终身学习的意识,培养人工智能与机器人背景知识体系下的创新创业人才。

(1)多样化的课程建设和教学手段,满足学生多样化的学习需求。

随着互联网的普及和计算机技术在教育领域的应用和发展,现代教育技术如虚拟现实技术(VR)、微课、MOOC、爱课程等新教学手段和技术等逐渐应用到课堂和实践教学中来,满足学生学习模式多元化的需求。近年来,学校加大对 MOOC 线上课程的建设,并引进超星、雨课堂等在线教学平台,助力教师开展线上线下混合教学建设。学生还可以通过互联网去发现优质的教育资源,不再单纯地依赖课堂教授知识。更多学习模式的混合,如翻转课堂、移动学习、虚拟现实、MOOC、游戏化学习等,充分发挥时间和空间的灵活性,更加易于学生访问,并满足学生的多样性和个性化学习需求。线上线下混合教学模式给高等教育带来了观念的转变,并持续不断地重塑传统意义上的教与学,有利于师生角色的转变,也使“翻转课堂”教学模式变得可行。

现代教育技术的发展,老师更多的责任是引导学生去理解和运用理论知识解决实际工程问题的能力，教学上更重视课前预习内容的引导及课后对学生学习作业的反馈。充分整合各种适当的学习模式，不断创造出更多、更好的师生互动、生生互动课堂教学模式，构建以学生为主体的智慧教学模式。督促和强化学生重视课前预习，提高学生的自学能力，培养学生学习的主动性，提高课堂上的积极性和参与度，从而有利于提高课堂教学的效率和效果。

(2)启发式、交互式和工程问题嵌入式相结合的智慧教学方法。

段淑倩等(2020)结合郑州大学隧道工程课程教学实践，提出教学能力智慧升级、教学内容智慧更新、教学模式智慧立体化、学习导向智慧自主化的“四维一体”智慧教学改革方法，以实现教学相长、智慧相融，使隧道工程课程的“教”与“学”从单一知识的讲解逐步走向多元智慧的传授，体现了智慧教学改革的有益探索。

火爆全球的ChatGPT让人大开了眼界。Open AI新发布的GPT-4o，更是让人感到ChatGPT将改变教育方向，改变未来的职业方向。人工智能领域引发了各行业的思考，引起大众对高等教育的担忧。ChatGPT能够自我学习和自我净化，为用户带来更加个性化、比较精准的服务和体验，而只有给出好的提问指令才能引导ChatGPT给出满意的回答。因此，在教学中教师如何引导学生利用深度学习思维，发展发散思维，利用案例、数据驱动教学，通过慢教深学、混合、迭代等方法，让学生充分实现高效且个性化学习，是摆在每位老师面前的迫切问题。

爱因斯坦曾说过，“大学教育的价值不在于记住很多事实，而是训练大脑会思考”“教育就是忘记了在学校所学的一切之后剩下的东西”。曾任耶鲁大学校长20年之久的理查德·莱文说过，“真正的教育不传授任何知识和技能，却能令人胜任任何学科和职业，这才是真正的教育”。

面对复杂的地下工程问题，引导学生提出一个个有严格逻辑关系的问题并找出最优的解决方法是对学生进行高维度深度思维训练的重要手段。因此课堂提问的设计要结合课程内容，新奇有趣，以激起学生的求知欲望；提出的问题要难易适度，体现教学的启发性；问题要精挑细选、数量适中，多而杂的问题只会分散学生的整体思维；问题设计要注意系统性和科学性；提问还要注意培养学生举一反三的联想与创造能力，引导学生利用已具有的能力去想象、创造，从而扩展知识领域。

地下工程作为实践性很强的学科，课程教学效果的提高需要结合许多工程实例进行分析。结合工程实例教学可以加深学生对地下工程基本概念的认识，有利于培养学生的工程地质思维能力和解决工程问题的能力。通过工程问题嵌入课堂教学，通过提问和点拨，利用启发式、交互式相结合的智慧教学方法，不断提升课程的教学效果，提高学生观察、分析和创新性解决地下工程问题的能力，培养学生严谨的科学态度、科学的思维方式和基于第一性原理的创新能力，为学生毕业后从容应对复杂的地下工程问题打下坚实的基础。

(3)跨学科专业合作，加强新工科建设复合型人才的培养。

新工科背景下地下工程专业人才培养离不开专业课程和计算机、人工智能、材料科学等学科交叉。在学科创新竞赛中引入新工科的内涵，激励学生主动迎接和拥抱新科技革命的到来，打破不同学科之间的界限；支持学生选修通识教育选修课，跨专业甚至跨学院选择创新训练课题，形成多学科交叉融合的培养模式；鼓励不同专业教师共同指导学生参加中国国际“互联网＋”大学生创新创业大赛、“挑战杯”全国大学生课外学术科技作品竞赛和“创青春”中国大学生创业计划竞赛，最大程度拓宽学生知识视野，实现专业融合和知识的交叉运用。近几年地下工程专业学生获得省级以上奖励十余项，在教学中引入数值计算软件和数学软件，激发学生对计算机软件学习和编程的兴趣，加强了对专业课程理论基础学习和工程实践应用的深度理解和掌握。

新一轮科技革命下，数字化、网络化、智能化是突出特征，也是新一代信息技术的核心。数字化为社会信息化奠定基础，它的发展趋势是社会的全面数据化。数据化强调对数据的收集、聚合、分析与应用。网络化为信息传播提供物理载体，其发展趋势是信息物理系统(CPS)的广泛采用。信息物理系统不仅会催生出新的工业，甚至会重塑现有产业布局。智能化体现信息应用的层次与水平，它的发展趋势是新一代人工智能。

目前，新一代人工智能的热潮已经来临，可以预见的发展趋势是以大数据为基础、以模型与算法创新为核心、以强大的计算能力为支撑。新一代人工智能技术的突破依赖其他各类信息技术的综合发展，也依赖脑科学与认知科学的实质性进步与发展。新工科背景下地下工程专业的教学改革也必将紧跟新一轮科技革命的步伐，根据复合型人才培养的需要，不断强化力学、地质学、数理知识、运筹学等基础学科的学习和应用，结合物联网、大数据、机器学习等，引导师生学会学习、学会教学、学会优化、学会搜索、学会推理等新近发展的元学习方法，实现地下工程的勘察、设计、施工、运维等的智能化和智慧化。

主要参考文献

崔光耀，宋志飞，姚海波. 新工科背景下《隧道与地下工程施工》课程教学改革的思考和分析[J]. 高等教育，2020(10)：31-32.

段淑倩，时刚，闫长斌，等. 新工科与双一流建设背景下隧道工程课程智慧教学改革探索[J]. 高等建筑教育，2020，29(6)：30-39.

范圣刚，刘美景. "新工科"背景下土木工程专业建设与改革探讨[J]. 高等建筑教育，2019，28(4)：16-20.

葛健，汤莺，刘星君，等. 基于建筑行业智能化背景下的工程伦理观对高校土木类学生职业素养培育的研究[J]. 智能建筑与智慧城市，2019(11)：92-94.

何利华，倪敬. "智能制造"背景下新工科人才的跨学科培养方法探索[J]. 科技风，2021(10)：5-6.

黄博，王昌胜，杜怡韩. "新工科"理念下的"地下结构设计"教学模式探索[J]. 教育教学论坛，2021(10)：81-84.

黄莉，王直民. 中国城市地下空间研究发展分析[J]. 上海国土资源，2019，4(3)：45-51.

蒋雅君，郭春，金虎，等. 工程教育认证背景下城市地下空间规划与设计课程教学设计[J]. 高等建筑教育，2023，32(4)：103-111.

李喆，江媛，姜礼杰，等. 我国隧道和地下工程施工技术与装备发展战略研究[J]. 隧道建设(中英文)，2021，41(10)：1717-1732.

林健. 新工科人才培养质量通用标准研制[J]. 高等工程教育研究，2020(3)：5-16.

林健. 新工科专业课程体系改革和课程建设[J]. 高等工程教育研究，2020(1)：1-13，24.

刘斌，蒋鹏，聂利超，等. 面向新工科人才培养的智能城市地下空间工程教学改革与探索[J]. 高教学刊，2021(27)：151-152，157

刘吉臻，翟亚军，荀振芳. 新工科和新工科建设的内涵解析——兼论行业特色型大学的新工科建设[J]. 高等工程教育研究，2019(3)：21-28.

吕锦刚，蒋乐，周俊. 风景区特长湖底城市隧道特点与关键技术创新[J]. 城市道桥与防洪，2014(3)：5-6，22-24.

吕勇刚.港珠澳大桥沉管隧道工程[J].隧道建设，2017，37(9)：1193-1195.

濮仕坤，杨庆恒，李二兵，等.地下工程施工技术课程“四维实践教学模式”研究[J].高等建筑教育，2016，25(5)：105-108.

孙峻.“新工科”土木工程人才创新能力培养[J].高等建筑教育，2018，27(2)：5-9.

唐辉明，熊承仁，王亮清，等.地质工程专业人才培养模式创新与实践基地建设[M].武汉：华中师范大学出版社，2018.

张东海，高蓬辉，黄建恩，等.新工科背景下多学科交叉融合的建环专业人才培养模式探索与实践[J].高等建筑教育，2021，30(1)：1-9.

张卫华，李照广，隋智力，等.新工科背景下智能建造专业集群建设探析——以北京城市学院为例[J].高教学刊，2020(21)：96-98.

张炜.新工科教育的创新内涵与美国工科教育的观念演变[J].中国高教研究，2022(1)：1-7.

第四章　实践教学建设

实践教学作为工科教学活动的重要组成部分，是土木工程专业培养学生的关键路径之一，承担着培养学生动手、创新、工程与实践等综合能力的任务。我校地下工程专业高度重视实践教学，在2023版培养方案中，实践课程学分为36.5学分，占总学分的21.5%。以中国地质大学(武汉)“美丽中国，宜居地球”的战略目标为依据，依托学校“双一流”学科建设，根据“突出地质背景、强化学科交叉”的原则，探索和构建体现我校办学理念和地下工程专业特色的全周期、四位一体的实践教学体系。新的实践教学体系不仅加强和突出了“试验、实习、创新创业”等实践环节的比重，还设置了覆盖“通识教育”“大类平台＋学科基础”“专业主干＋专业选修”的模块化实践教学环节，并将传统的以“学校＋老师”为单一主体的实践教学延伸至学校、企业、行业学会，实现教师与学生、企业与学生、企业与教师、学会与学校等协同发展的育人新模式。

第一节　实践平台建设

一、地下工程实践教学平台建设

1. 实验室建设

以实践教学培养方案为依托，整合现有教学资源，建成了地下工程实践教学平台。结合中央修购计划，补充购置了盾构机施工演示操作模型、地下空间封闭试验仓、BIM软件等仪器设备，建成了土木工程专业高标准试验室，包括“地下工程施工过程实验室”“地下管道与修复实验室”“地下工程衬砌支护实验室”“城市地下空间环境调控实验室”和“BIM实验室”等，为地下工程专业人才培养提供实践教学支撑。

2. 产教融合实践创新平台建设

整合校内教学、实践、创新创业等资源，建成了大学生科技创新与创业能力培育中心，为学生参加国内外各种行业竞赛、创新创业大赛，如国际岩石力学与工程数值模拟大赛(INCR2021)、中国国际"互联网+"大学生创新创业大赛、全国大学生结构设计竞赛等提供练习场地、环境硬件、技术指导等综合服务。

积极汇聚湖北省内的科研院所、企业等各方面实践教育资源,与20多家相关大型企业签订了共建实践创新平台协议。与汉阳市政集团共建了"城市地下空间产业技术创新中心",遵循"整合、共享、创新、服务"的宗旨,瞄准地下空间开发与利用行业的创新需求,解决行业共性关键技术。通过本部分的工作,建成了系列化的地下工程校外实践教学基地。

由中国地质大学(武汉)牵头,联合了中铁第四勘察设计院有限公司、武汉市测绘研究院、中交第二公路勘察设计研究院有限公司、中冶集团武汉勘察研究院公司、中交第二航务工程勘察设计院有限公司、中国建筑第三工程局有限公司、中铁十一局集团有限公司、中国一冶集团有限公司交通工程公司等勘察、设计、施工单位,依托湖北省建设教育协会,成立"地下工程新工科人才培养实践创新联盟"。

3. 建成了地下工程虚拟仿真实践教学平台,成功申报国家一流课程

在现有隧道施工虚拟仿真平台的基础上,补充设置了基础虚拟仿真、设计虚拟仿真、施工虚拟仿真、管理虚拟仿真、创新虚拟仿真等相关功能模块,通过虚拟化仿真操作,模拟地下工程现场真实施工场景、设备和步骤,改变传统的灌输式教学模式,让学生自主参与相应的实验,培养学生专业实践能力和创新能力。新奥法隧道施工工法虚拟仿真实验平台成功申报国家一流课程,目前正在教育部"实验空间"国家虚拟仿真实验教学课程共享平台上共享。

4. 地下工程新工科实践育人机制和保障体系建立

学校进一步完善和强化高校-企业双师制指导模式,制定相关文件及政策。在联盟成员中筛选了一批地下工程领域的高水平技术专家为企业导师,不定期邀请来校讲学,开展系列课程和学术讲座;在课程教学中安排企业导师以工程案例为主要教学内容进行讲授,让学生掌握和了解最新地下工程技术和方法。

在课程设计/毕业设计(论文)等环节以3人为实践小组并配备企业导师的形式进行。选取企业导师正在参与的地下工程项目为依托,提高企业导师在本科实践教学中的参与程度,激发学生的认知和实践兴趣,充分调动学生的参与度,最大限度提高实践环节培养质量。

在教学实施过程中,通过相关政策及文件的制定,提高企业实践培养环节的教学比重,在学分的分配上,扩大企业课程的学分比例,使产教融合育人真正发挥作用。在对学生的考核评价上，将传统的教师评价改为学生自评、企业评价和教师评价相结合的模式，以学生发展为重点，全面评价学生在学术方面的综合表现。建立有效的教学质量监控体系和反馈机制，及时纠正存在的问题并持续改进。

二、新奥法隧道施工工法虚拟仿真实验平台建设

新奥法隧道施工工法虚拟仿真实验平台采用国际主流虚拟仿真技术，以新奥法隧道施工过程为主线，让学生掌握不同地质条件下隧道超前地质预报与围岩分级、光面爆破、初期支护与二次衬砌以及监控量测等关键施工环节，着力培养学生独立动手和创新创造能力，全方位激发学生的创新意识与实践素养。平台主界面如图 4-1 所示。

图 4-1　新奥法隧道施工工法虚拟仿真实验主界面

该平台以中国地质大学（武汉）西区地大隧道为原型，采用虚拟仿真教学手段，通过设置超前地质预报与围岩分级、开挖工艺、柔性支护与二次衬砌、监控量测及反馈等相关模块的学习，重点对新奥法隧道光面爆破开挖工艺、柔性支护与衬砌进行交互式虚拟仿真教学，项目核心要素的仿真度高，在交互过程中重视对学生进行关键知识点的考核，并且相关素材与参数均取自实际隧道工程，从而让学生掌握在不同地质条件下新奥法隧道施工基本原理与主要实施过程。该虚拟仿真实验平台的特色体现在以下几个方面。

1. 实验方案设计思路

本实验教学项目通过三维虚拟仿真技术，再现了新奥法隧道施工的真实场景，还原了从隧道超前地质预报、围岩分级、开挖工艺、柔性支护与二次衬砌及监控量测与反馈的全过程。通过三维交互方式重点展示了开挖工艺及支护施工的具体实施步骤，实现了光面爆破、初期支护与二次衬砌的直观建模仿真，让学生有直观形象的认识。学生通过该项目，不仅掌握了在不同地质条件下新奥法隧道施工基本原理与主要实施过程，还能够进一步了解并掌握隧道围岩分级、光面爆破设计以及支护衬砌施工等重要知识点，从而有效提升学生的相关专业技能。

2. 教学方法创新

本实验教学项目遵循"学生为中心"的原则，在虚拟仿真系统的应用过程中，主要由学生主导整个实验过程，由学生动手操作实验装置，从而显著增强了学生对知识的获取兴趣与能力。指导教师讲解实验方法与实验步骤，并对整个实验前、中、后全过程加以指导和引导，启发学生创新意识，培养学生发现问题、解决问题的能力，调动学生学习的积极性。让学生直观感受新奥法隧道开挖与支护全过程。实验中，教师通过提问、质疑等方式激发学生充分发挥想象，发掘学生的创造潜能，引导学生提高解决实际问题的综合能力。

3. 评价体系创新

本实验教学项目以理论学习模块与仿真实操模块模拟为基础，考核方式采用单项选择、多项选择、仿真考核、计时记分等方式，特别设置了围岩分级考核的随机题库(有 12 个不同掌子面地质描述素材)。在实验考核过程中给予学生充分的设计空间，从而有效提高其自主学习与分析问题的能力。项目设计了具体的量化考核评分方法，通过围岩分级、光面爆破开挖工艺设计、支护与衬砌工序以及监控量测等多模块的综合考核，由系统判定分数，将每一模块及最终的考核结果记录形成报告，并支持提交实验报告。从而对学习者的具体学习效果进行全面、客观地分析与评价。

4. 对传统教学的延伸与拓展

软件系统不仅能够单机稳定可靠运行，并可置于基于 Internet 开放教学管理平台上，可以为不同校区、不同专业的学生同时共享使用，并且项目建于 B/S 架构上，可在授权的网络环境下开展实验教学服务。系统有完善的加密机制，可以进行日志管理、数据备份、系统监控，保障网络及信息安全保护功能。

5. 课程持续建设

新奥法隧道施工工法虚拟仿真实验教学课程今后5年继续向高校和社会开放服务计划,如表4-1所示。

表4-1 新奥法隧道施工工法虚拟仿真实验今后5年继续向高校和社会开放的服务计划

日期	描述
第一年	收集整理虚拟仿真平台运行不足,持续改进平台运行效率
第二年	改革课程教学体系,提升课堂教学与实验平台的融合度
第三年	结合国家及行业战略需求,补充完善实验模块及功能
第四年	向兄弟院校及产学研企业推广平台,实现校外共享
第五年	建立运行稳定开放式地下工程虚拟仿真实验平台

(1)在项目前期,针对在教学和实验过程中不断发现虚拟仿真教学平台存在的问题,对虚拟仿真平台进行持续不断的开发和更新,进一步增强虚拟仿真教学的沉浸性、交互性、虚幻性、逼真性建设。

(2)与平台建设同步,积极改进平台相关课程,改革创新"地下建筑工程施工""地下建筑工程结构""城市地下空间规划利用"等课程的教学内容、教学模式、教学手段,实现课程与实验平台的深度融合。建设具有中国地质大学特色的地下工程线上线下混合教学课程体系。

(3)核心教师团队将结合团队重大科研项目,通过新奥法隧道施工工法相关方向的研发,不断提升现有水平。积极探索与产业相关企业的合作模式,共同开发与行业最新科研及实践成果的虚拟仿真模块和相关实验项目,例如:在目前工程施工中最新的机械设备、材料装备、工艺方法等,达到资源共享、高效双赢的目的。

(4)收集兄弟院校相关专业的教学培养方案及对专业实践教学的需求,将完善改进的虚拟仿真实验教学资源逐步全部支持网络环境的远程访问,实现远程校外共享,面向国内高校及相关职业学校开放线上仿真教学及培训。

(5)增强平台对优质资源的共享能力和稳定性,满足更大的用户并实现访问。加强虚实统一管理能力,结合我校虚拟仿真实际教学情况,建立校级开放式地下工程虚拟仿真管理平台。面向高校、社会的教学推广应用计划如表4-2所示。

表4-2 新奥法隧道施工工法虚拟仿真实验面向高校、社会的教学推广应用计划

日期	高校推广		社会推广	
	推广高校数	应用人数	推广行业数	应用人数
第一年	2	80	1	100
第二年	3	150	2	200
第三年	6	300	2	500
第四年	10	1000	3	1000
第五年	20	3000	3	1000

6. 后续建设思路

(1)高校及相关职业技术学校是本虚拟仿真实验平台推广应用的重要对象。项目在未来建设过程中,将通过举办会议、成立论坛、接待参访等形式,以机制创新促进实验平台的可持续发展,进一步创新虚拟教学资源的校外共建机制,完善虚拟教学资源共享机制,支持兄弟院校校际网络课程互选及资源共享,为广大学生提供个性化服务。提升虚拟仿真实验室信息化建设水平,建立资源共享的网络技术交流平台,进一步与校内、校外、高校、科研院所、职业技术学校在系统研发和软件制作等方面合作共享。

综合应用多媒体、大数据、三维建模、人工智能、人机交互、传感器、超级计算、虚拟现实、增强现实、云计算等网络化、数字化、智能化技术手段,丰富虚拟仿真实验内容,优化地下工程设计与施工方面的实验课程;举办该课程相关虚拟仿真资源开发技能大赛,促进和提升学生的专业实践能力。

(2)提升校企及行业协会的共享与共建。不断加强宣传推广力度,吸引中国铁路工程集团有限公司、中国建筑集团有限公司、中国交通建设集团有限公司等相关企业和行业协会积极投入到本虚拟仿真教学资源的共享及开发中。不断补充、更新地下工程方面的教学资源,面向社会提供免登录链接,提供教学训练所用资源,面向定点企业提供培训及考核服务,支持虚拟教学资源的开放和应用推广。

未来将进一步深入开展共享机制和体制建设,加强校企合作,共同开发,持续增加新案例,并将人文因素、环境因素、工程创新思维与工程实践能力等因素

进一步植入到教学系统中。逐步面向社会各界开放线上线下培训体系，实现学校教学与社会需求共赢。

第二节 野外实践教学建设

野外实践教学是强化学生室内理论知识理解、获得感性认识、掌握野外工作技能的必修课。中国地质大学（武汉）一贯重视野外实践教学，每年暑假，大批地质类及相关专业学生奔赴北戴河、秭归、周口店及武汉周边实习基地进行野外实践学习。

一、北戴河实习基地地质认识实习

地质实习是地质及工程类相关专业本科生最重要的实践教学环节之一，是对大学所学专业知识的系统梳理和应用，对培养学生的观察思考能力、实践操作能力、逻辑思维能力及团队协作能力都具有重要的意义。学校地下工程专业大学一年级暑假的北戴河地质认识实习是学生在野外与地球科学的"初恋"，其意义非同寻常（张利等，2019）。北戴河地质认识实习也是地质类及相关专业本科生的第一次野外实践教学，是全校性公共专业基础课"地质学基础"室内教学后的集体野外地质感性认识。目的是让学生认识基本的地质现象，掌握开展野外地质工作的基本技能，同时培养科学的地质思维方式和地质时空观，树立艰苦朴素和实事求是的科学态度，开启从事地球科学探索的大门，激发学生对地质的好奇心和兴趣感。

（一）北戴河地质认识实习目标及线路安排

1. 北戴河实习基地简介

中国地质大学秦皇岛实践教学基地，位于河北省秦皇岛市北戴河海滨区和秦皇岛海港区之间的山东堡村，距离北戴河海滨风景游览区约7km，距离山海关和老龙头景区约25km，临近山东堡海滩约400m（朱宗敏等，2019）。

北戴河实习基地建站历史悠久，原北京地质学院（中国地质大学前身）1953年开始在秦皇岛地区开展野外实践教学，1979年成为原武汉地质学院的固定野外实习点，并于1984年在山东堡村建立了相对稳定的实习站。现今的"北戴河实习站"已由原来相对单一的野外地质认识实习教学基地功能，逐渐演变成为涵盖地质、地理、地球物理、水文、旅游、人文和生物等多学科（专业）的多功能野外实践教学基地，“北戴河实习站”也改为“秦皇岛实践教学基地”。2007 年被教育部挂牌为“国家基础科学研究和教学人才培养基地北戴河地质实习站”。实习站全貌见图 4-2。

图 4-2　中国地质大学“北戴河实习站”全景

2. 实习目的及任务

野外地质实习是中国地质大学(武汉)地质专业知识教学的一个重要环节,也是学校保持地学优势的重要法宝。北戴河地质认识实习是学校地质类及相关专业一年级大学生,在学习完“地质学基础”或“地球科学概论”等地质学专业基础课后进行的必修教学环节(第一学年暑期完成),该实习能为后续“专业认识实习”“生产实习”和“毕业实习”等其他实践教学打下良好的地质基础。该实习主要目的和任务如下。

(1)认识基本地质现象。包括自然地理概况、区域地质背景、风化作用和风化壳、河流地质作用过程和产物、三角洲和沉积物、岩溶作用及岩溶地貌、海洋波浪运动、沿岸生物、基岩海岸侵蚀作用和侵蚀地形、沙质岩岸沉积作用和沉积地形、地层、地层划分和描述、岩浆侵入作用、侵入岩和接触边界类型、火山作用、火山岩和火山结构、变质作用和变质岩、地壳运动及其表现形式、矿产资源和地质环境保护等。

(2)掌握野外地质工作基本技能。利用地形、地物标志,在地形图上标定地质观察点。使用罗盘确定方位、测量产状和坡度。掌握野外地质记录的基本内容、格式和要求。掌握地质素描图的基本技巧、地质标本的采集方法和整理。认识常见的矿物和岩石。

(3)培养地质思维和时空观,树立正确的科学发展观和人生观。在两周时间内,在老师的带领下观察秦皇岛地区发育的内动力地质作用、外动力地质作用、矿产资源和人文环境等自然现象,分析地质作用的过程,归纳地质现象的成因,感受“快乐”地质。

3. 实习内容及线路安排

北戴河地质实习位置优越,教学实习路线包括秦皇岛市北戴河区、山海关区及抚宁县东北部(含石门寨镇、杜庄乡等),近十几年来,已经有众多国内各大高校竞相到北戴河进行地质实习。从地质背景角度来说,实习以柳江向斜(或柳江盆地)及周缘沉积地层和构造变形角度为主要内容而展开,同时兼有现代海洋地质作用、地质旅游开发、火山岩石类型及岩相等实习内容,是课堂理论教学内容的有效拓展和延伸,将为后面即将学习的专业基础课和专业必修课等打下坚实的实践基础。

相较于国内其他地质类高校的野外实习基地,北戴河基地具有良好的海洋地质作用实习环境,由于其得天独厚的地理位置,可以通过现代海洋沉积、现代河流沉积和现代三角洲沉积等沉积现象的观测和分析,对古海洋和古河流等沉积体系的沉积特征有很好的理解，比如在鸽子窝地质路线中，不仅仅可以观察到现代三角洲沉积的平面特征，同时可以分析三角洲不同相带的沉积物的差异性及其原因探究，这些最为基础的地质现象对于一些专业（比如土木工程、地下建筑工程等）的学生有着极其重要的意义。

实习基地经过多年的建设，形成了稳定成熟的地质路线，主要包括砂锅店—上庄陀路线、石门寨路线、鸡冠山路线、燕塞湖路线、老虎石路线、鸽子窝路线等。本专业实习路线及任务安排见下表4-3所示。

表4-3　地下工程专业北戴河实习路线及安排

线路	路线	时间	实习任务
线路1	老虎石基岩海岸	1	观察基岩海岸波浪运动特征、潮间带生物分带现象和现代海蚀地貌及沉积物特征，分析连岛沙坝的成因；观察该点的古海蚀地貌并分析其成因
线路2	新河口—鸽子窝—小东山海滨路线	1	观察新河河口三角洲地形、沉积物及沉积构造、海洋生物特征；观察基岩海岸波浪运动特征、海蚀地貌、沉积物特征及海洋生物
线路3	燕大北风化壳—山东堡沙质海滩	1	观察沙质海岸的波浪、潮汐运动特征，沉积物、沉积地形和海洋生物，了解海滩环境变迁与人类活动的关系。观察近现代风化壳剖面垂向结构及各层的主要特征，分析风化壳发育的气候环境分析，同时观察该剖面上岩脉的穿插关系及其差异风化现象
线路4	亮甲山—砂锅店碳酸盐岩地层及古岩溶地貌	1	认识奥陶系碳酸盐岩特征并了解岩石地层单位“组”的概念，观察辉绿岩侵入体岩性特征及侵入接触关系，了解包气带岩溶地貌发育特征及其影响因素，同时学习罗盘使用方法
线路5	石门寨碎屑岩地层	1	观察石炭系至二叠系碎屑岩，学习碎屑岩的观察方法，观察地层的不整合接触关系，利用将今论古的原理分析沉积环境变迁，同时学习后方交会定点方法

续表 4-3

线路	路线	时间	实习任务
线路 6	上庄坨大石河中游河谷地貌及火山岩观察	1	观察大石河中游河谷地貌及沉积物特征，观察河谷两侧的侏罗系火山碎屑岩及火山熔岩
线路 7	鸡冠山不整合接触，沉积构造及断裂构造	1	观察新元古界龙山组砂岩与晚太古代花岗岩之间的不整合接触关系并分析其构造意义，龙山组砂岩的沉积构造并分析其沉积环境；观察断层及断层组合的地貌效应
线路 8	燕塞湖岩体及大石河下游河谷地貌观察	1	观察正长岩侵入体岩性特征及侵入接触关系，观察大石河下游河谷地貌
站内教学	罗盘的使用及野簿记录方法	1～2 天	野外地质技能的培训、分组练习、测试等

（二）新工科背景下北戴河地质认识实习存在的问题及不足

1. 实习过程中学生主体作用发挥不突出

由于室内教学的惯性思维，目前部分教师的野外地质认识实习仍多采用“教师讲授——学生观察——学生提问——教师解答”的方式进行。加之野外教学工作中存在场地环境开阔、教学组织难度大、学生主动性差、师生交流不畅等问题，从而使得野外地质实习易形成“前排 1/3 认真、中间 1/3 较认真、尾部 1/3 打酱油”的局面，只有少部分积极的同学能全程跟上老师的实习节奏，大部分学生都是被动的记野簿，实践环节学生的主体能动性都无法得到充分发挥，野外教学效果也往往不尽如人意。

2. 实习教学内容专业特色凸显不够

作为“土木工程”专业大类学生进行的第一次野外实践教学活动，如何在野外地质实践中温习领会课堂理论知识，客观理解地下工程专业和地质学之间的相互影响制约关系，是培养具有“宽厚地质学基础和扎实工程知识”复合型人才的重中之重。

目前，地下工程专业学生进行的北戴河地质实习，仍采用全校统一备课、统一教材和统一布置的方式，教学路线和内容跟其他地学类专业一样，没有体现出专业特色，与其他专业的培养无法形成很好的区分度，与后续专业课教学也无法形成很好的衔接，不能较好地满足地下工程专业人才的需要。因此有必要在教学内容和方式上进行改革，以满足新工科背景下地下工程专业人才培养需求。

3. 宏观地质现象与微观地质特征的结合程度不够

尽管现有实习路线可以对各种地质现象，如沉积岩观察、小型断层、波痕、岩浆侵入关系等有很好的观察露头，但是这些都是对单个地质现象的展示，无法让学生从不同尺度对各种地质现象和蕴含的知识点开展识别和理解（金文正，2022）。例如，实习区的构造特征都与区域地质背景（即柳江向斜的特征及演化）密切相关，那么在实际的地质实习中，只有首先让学生在整个区域地质环境变迁及构造运动全面感性认识的基础上，从宏观上把握区域地质背景，才能更好地理解实习线路中沉积岩浅海、海陆交互等沉积环境的变化、地层的缺失、不整合接触、岩浆运动的活跃等微观地质现象。但学生目前仅有的途径就是实习指导书中的小比例尺区域地质图，缺少大尺度、三维、动态、虚实结合等手段的宏观展示。再例如，野外识别矿物及岩性是实习中的一个重要任务，但学生在野外进行标本鉴定时，更多只能用肉眼观察或10倍放大镜观察，得到的视相结果往往与教科书中描述的矿物微观形态特征有很大的差异，缺少在显微更小尺度下矿物形态切面等的直观对比和参照，常让学生在野外感到困惑进而误判。如何将室内教学的先进手段和技术，引入实习环节中，让学生对不同尺度下地质现象有更加完整和清晰的对比认识，从而加深知识的理解和掌握，是新工科背景下野外实习的改革方向。

（三）北戴河地质认识实习教学改革及创新

1. 结合专业特点，丰富教学内容

不同专业的学生，知识背景和专业要求不同，为了更好地突出专业特色，野外地质教学内容和侧重点应有所区别。这就需要带队教师在详尽掌握和理解实习路线上的基本地质要点和实习目标后，将其与专业知识更好地融合，在每条线路、每个实习点中，灵活巧妙地融入专业知识，为后续更好地学习工程地质学相关课程和秭归专业教学实习打下基础。例如，地下水及岩溶是地下工程需要重点关注的工程地质问题。在亮甲山—砂锅店线路中，除让学生温习地下水地质作用、岩溶地貌、岩溶发育基本条件等地质基础知识点以外，也可进一步引导学生观察砂锅店岩溶地貌的特点，分析为什么岩墙两侧岩溶发育程度不一样的原因。并由点及面，由实习点进一步延伸，从我国碳酸盐岩区域分布到岩溶发育对地下工程的不利影响，再结合典型地下工程从岩溶危害、不良地下水腔探测、高压水结构设计优化、施工应对措施等环节给学生进行科普。地质认识实习与专业方向紧密结合，在教学内容上进行拓展和延伸，不仅拓宽了学生的专业知识面，也激发学生的专业兴趣、好奇心和进一步学习探索的热情。

2. 借助科技手段和地学资源，从不同尺度增强实习理解

结束完室内地质课程的学习，学生已经对构造变形、沉积现象和岩石类型等内容有了初步的掌握和概念上的理解，但是如何借助辅助手段和技术，加深理论与概念在实际野外地质工作中的融会贯通，使学生面对一种典型地质现象的时候，能用所学的地质知识来描述和解释其中的缘由，也是提升野外地质技能的重要方面。

2017 年以来，学校学生北戴河实习在上庄坨线路中增加了“秦皇岛柳江地学博物馆”的参观路线，场馆以柳江盆地地质遗迹国家级自然保护区为依托，运用图版、视频、沙盘模型、仿真场景、实物标本等手段全面展示了 25 亿年以来，柳江盆地曾经历的四次为海、四次成山的海陆变迁过程。该博物馆也保存了太古宙、元古宙、古生代、中生代、新生代五个地质时代留下的地质遗迹和珍贵岩石标本，是融科学性、知识性、观赏性和趣味性为一体的地学博物馆(图 4-3)。通过宏观尺度的展示，十分细致地展示出实习区内各种沉积和构造方面的特征，可以让学生更好地理解实习区的空间位置，感受大型地质构造和沉积体系的空间分布，让学生更能直观理解区域内三次海进海退、海平面升降在不同线路中的直观反映。

图 4-3　秦皇岛柳江地学博物馆多方位展示

此外，互联网开放教学资源和数字化资源也应不断应用于传统的野外地质系中。在学校地学院北戴河实习教学团队的努力下，北戴河地质认识实习MOOC课于2021年暑期正式上线（图4-4）。MOOC课采用生动详细的视频影像形式，不仅能让学生提前预习野外教学知识要点，了解教学线路中典型地质现象，更能在课后帮助学生进一步巩固实习知识点。通过在MOOC中补充增加背景知识点的照片和示意示范，让学生更好地从不同角度理解实习线路蕴含的内容。MOOC课中的高清影像有效地弥补了传统野外教学的不足，从宏观、微观等多角度展示地质现象，大大提高了野外教学质量。

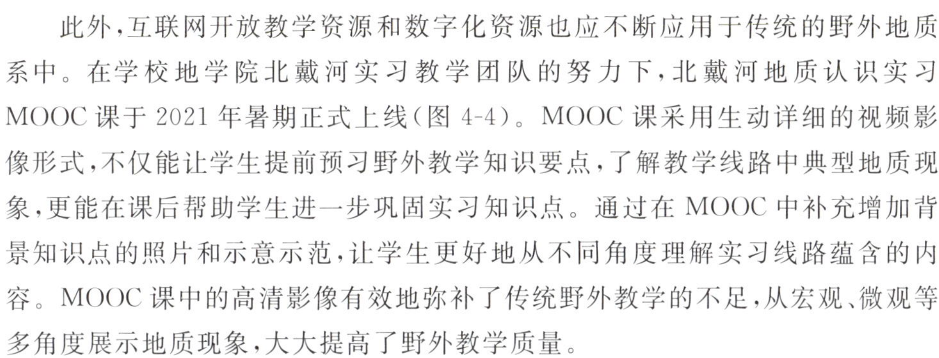

图4-4 北戴河地质认识实习MOOC课界面

3. 改革实习教学手段,突出学生的主体地位

野外实践教学也需要在新理念的指导下,根据工程教育新模式的需求,创新工程教育、教学培养方法和手段。根据培养计划,制定详细教学内容和学习结果。根据实习内容和任务需求,整合教学资源,及时吸收新的教学和人才培养经验和手段,创新实习实践教学教育、教学和学习方法。鼓励教师将体验式教学、基于项目的教学、基于问题的教学、探究式教学等方法应用于实习教学中,教师群体应该与时俱进,适应和使用新的、先进的教学和学习工具,掌握先进的教学方法。将先进方法、工具和学习内容集成起来,完善人才培养体系,提高教育、教学和学习质量和效果。例如,在实习过程中,可借鉴采用问题教学法,教师提出核心问题,学生自由观察,通过讨论研讨等方式形成师生良性互动。由此,改变由教师讲述、学生机械性记录的被动教学模式,通过小组讨论,现场总结,组织学生进行讨论和点评,培养学生科学思维、创新性能力和团结协作能力,将学生作为实习第一责任人的理念发挥到最大。灵活运用多种教学方法,不仅可以缓解酷暑天气带来的实习疲惫感,进一步激发学生学习兴趣,变被动学习为主动,引导他们逐步探索地质学的奥秘,用正确的方法去思考和解决问题,才能实现"快乐教育,快乐教学,快乐地质"的实习目标。

4. 改进实习考核评价机制,发挥主观能动性

为营造轻松、快乐的地质实习氛围,又能更好地对实习效果进行测评考核,教学团队还对学生实习成绩评定方法进行不断的改革。2019 年暑期,教师团队大胆改革,取消了之前一直沿用的"试卷笔试+实习报告"的考核方式,补充了"面试考核"环节并加大了本环节的分值比重,将岩石标本辨认、现场实习路线知识点随机提问作为面试的主要任务(表 4-4)。新的成绩评判标准使得以前学生

表 4-4　地下工程专业北戴河认识实习学生评定标准

考核项目	分值比例/%	考核重点
野外表现	20	不迟到早退、认真观察、现场记录、积极互动
野簿记录	30	文字、素描图等格式规范,字迹工整、内容准确、翔实
地质技能	20	使用罗盘测量产状、方位角、后方交会定点;正确使用放大镜;岩石手标本采集及观察
面试考核	30	每小组每条实习路线采集典型标本 2～3 块组成面试样品库,区分实习路线上的常见岩石;会识别常见矿物;并描述岩石

编写实习报告的时间和精力可以更好的分摊到平时的野外观察、现场野簿记录、素描图的绘制中，较大地减轻了学生的室内整理工作量及重复性文字编写工作。通过取消考试笔试环节也极大地调动了学生的学习主动性，让学生明白只要认真参与野外教学活动，无须死记硬背，绝大多数学生均可取得优良成绩。

5.实习教学团队的巩固及执教能力提升

地质及专业经验丰富且执教能力优秀的教师队伍是野外实习效果的重要保障条件。在每年度的实习教学安排中，地下工程专业都结合教研室教师情况，从教师从业经历、年龄、专业背景等方面组合优选出最得力的实习教师团队；并且安排组长责任制，对实习的整个环节过程、与学生学工之间的沟通、集中备课及教学研讨等环节进行全程把控，确保实习顺利完成、实习质量得以保证。

二、秭归实习基地地质与专业认识实习

秭归实习是在完成部分专业基础课、北戴河地质认识实习的基础上进行的地质与专业认识实习。该实习安排在大二暑假进行，实习时长3周，主要包括工程地质现象认识、各类地下工程结构物、地质灾害防治措施调查等内容。该实习是地下工程、土木工程专业教学计划规定的实践教学环节之一，是培养理论联系实际的工程技术人才的重要途径。

（一）秭归野外实践基地及实习目标介绍

1.秭归实习基地简介

中国地质大学（武汉）三峡秭归产学研基地坐落于秭归县城西北缘，距三峡大坝水平距离约2km，是学校继周口店、北戴河野外实习基地之后兴建的又一多功能大型实践教学基地。秭归基地无论从占地面积、建设规模，还是教学质量、科研仪器、教学设备等方面，均列我国高等院校野外实践教学基地之前茅。

近年来，学校师生每年有1800余人次在秭归产学研基地进行基地地质、地球化学、环境地质、工程地质、测量、土地管理等多学科的野外教学实习和科研工作。此外，广州中山大学、武汉大学、武警黄金部队、台湾大学、香港大学等院校或研究机构也借助秭归基地开展各项教学或科研活动，每年亦达2000余人次。目前，秭归基地已成为立足学校各专业实践教学需要，面向全国、服务于社会，集实践教学、技能培训和科学研究于一体的重要场所。秭归基地全貌及功能区分布如图4-5所示。

图 4-5　中国地质大学(武汉)三峡秭归产学研基地全景图

2. 实习目的及任务

地下工程及土木工程专业方向秭归野外教学实习的主要目的和任务如下。

1)地质认识实习

结合野外典型地质与构造现象,熟悉、了解野外地质工作的基本方法,在北戴河实习的基础上巩固、加深对地质构造的认识,进一步掌握地层岩性、地层构造类型的划分方法,实现能简单分析和描述一些地质现象、地貌单元的目标。

2)工程地质认识实习

应用地质学知识,结合典型地质工程实例,熟悉各类工程场地的工程地质条件,能分析存在的主要工程地质问题,并能对具体工程提出合理的工程建设或工程治理要求与措施。

3)各类土木工程观察认识实习

通过观察各类土木建设、治理工程(桥梁、隧道、港口码头、大坝、库岸、滑坡、边坡等工程),了解各类建筑物的结构特点、布置要求,重点认识桥梁、隧道、边坡、滑坡工程的建设特点,初步了解其设计与施工方法。

4)精神教育

培养学生艰苦奋斗的生活作风,实事求是和团结协作的工作作风,开阔眼界,激发专业兴趣。同时,增强学生体质,以适应野外工作环境。

(二)秭归野外教学实习技术流程及组织

野外教学实习的组织是一个较为复杂的过程,需要的资源也较多,仅仅依靠教师的力量不能胜任，需要借助学校等其他组织的力量才能够顺利完成。以中国地质大学(武汉)土木工程专业(含地下工程等方向)的野外教学实习组织为例，按照时间顺序及组织层次可将整个实习流程划分成3部分：整体流程、实习流程及现场教学(图4-6)。下面对各个步骤进行详细说明。

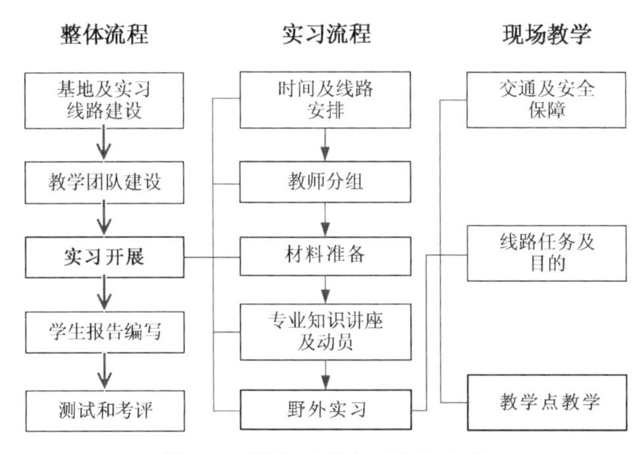

图4-6　野外教学实习组织流程

1. 基地及实习线路建设

野外实习需要为学生提供住宿、饮食、学习等必需场所，还有锻炼、集合、交流等可选场所，这就需要一个具备综合功能的野外实习基地，这是开展野外实习工作的前提。野外实习基地的建设成本高，不过国内目前有较多成熟的实习基地可供选择利用，如周口店实习基地、北戴河实习基地、秭归产学研基地、峨眉山实习基地等。

除后勤保障外，每一个基地基本都对应有一些成熟的实习线路。例如，秭归产学研基地周边就有不同时代的沉积岩地层线路、变质岩及岩浆岩线路、构造地质线路、工程地质线路、地下工程线路、道路及桥梁线路等。这些线路由基地实习的老师一届一届探索、开发出来，虽然总体保持稳定，但由于人类活动、外营力等影响，也会随时间的推移而存在一些变化。而且，对某些专业而言，现有的成熟线路不一定能全部满足特定专业的教学实习要求，需要教师们进行少量针对性的踏勘、线路补充。

2. 教学团队建设

教学团队建设主要包括两个方面，一方面是人员的合理配备，另一方面是实习开展前的教师备课。人员配备应尽量满足三点:①在数量上,学工人员与教师总数是学生班级数的2倍,这既是保证野外教学安全的需要,也能避免教师因个人情况影响教学的连续性。②在专业上,针对教学任务与目标合理搭配专业教师。大学教师都有各自的学习背景与研究方向,实习中如果能发挥各自的专业特长,教师教学将更轻松、有趣,学生学习也更系统,易于掌握。③在年龄上,新老搭配。相比于室内教学,野外实习教学对教师的组织能力、知识面及技巧性有更高的要求。对于初次参与实习的老师,现场可能出现教师到教学点后直接讲解理论知识、学生记录完了无事可做的情况。老教师们通常有着良好的讲授方式与现场知识储备,青年教师可以通过学习避免上述情形的出现,逐步积累野外教学经验,并加以完善。

教师野外现场备课是实习开展前最重要的一项技术环节。它的主要目的包括熟悉教学点位置,了解该点的教学任务与目的,熟练掌握与教学任务及目的相对应的该点的地质、工程等细节知识,同时对该点的教学活动过程进行初步组织。备课一般由基础扎实、现场情况熟悉、野外教学经验丰富的老教师带领;现场既可以由老教师传授讲解,也可由青年教师实操后点评。

3. 实习开展

实习开展包括实习前的准备工作(时间及路线安排、教师分组等)与野外实习两大部分。

1)时间及路线安排

野外教学实习往往集体开展,少则以专业为单位,一个专业一般有1～3个班,多则以学院为单位,有数十个班。然而,野外教学点由于露头面积、地形地貌、交通安全等一系列限制因素,不可能将所有班级按照同一规划开展教学,所以必须在野外教学时间与线路上进行交错安排。此外,当实习在暑期进行时,在实习时间段内也可适当插入课堂讲座和分组讨论。

通常,基地线路建设完成后,各个实习线路有着不同的教学目的与任务。不同的专业需要对线路进行不同选择或适当开拓。以土木工程(含地下工程方向)专业为例,实习的线路及任务安排见表4-5。

表 4-5 土木工程专业(含地下工程方向)秭归实习路线及安排

线路	路线	时间/d	实习任务与目的
材料准备/讲座	基地	1	学生准备安全着装、黑板、地质三大件、基础地质图等实习物品;进行实习动员;介绍秭归地区区域地质条件,熟练罗盘使用、野外记录
线路 1	兰陵溪—九畹溪地层	1	观察黄陵岩体、崆岭群变质岩及震旦系和寒武系岩性、岩相特征、接触关系及特征;练习罗盘使用,绘制信手地质剖面图
线路 2	高家溪地层及岩溶	1	观察黄陵岩体、南华系和震旦系岩性、岩相特征、接触关系及特征;讨论分析线路 1/2 地层的相同与不同;观察、了解棺材山危岩体的变形破坏机理与支护防治措施;观察岩溶地表及地下发育特征,并进行描述;分析形成机理及其工程地质意义
线路 3	泗溪岩溶及干溪沟第四系沉积	1	了解河谷岩溶地貌的特点,岩溶发育条件及工程地质问题;观察河谷地貌特点,了解冲积物、洪积物的形成、分布、物质组成及工程性质;绘制洪积扇地层纵、横剖面图
讲座	基地	1	复习断层、褶皱等相关构造知识;讲授地灾的类型及主要防治措施;讲授隧道工法及围岩分级与支护
线路 4	界垭—周坪断层构造	1	了解断层相关的地层、地貌、微构造、地下水等伴生现象,掌握野外断层的辨识方法;绘制断裂带剖面图,分析断层的工程地质意义
线路 5	兰陵溪—九畹溪构造行迹	1	学习在露头观察小型构造现象并进行描述;绘制构造现象素描图

续表 4-5

线路	路线	时间/d	实习任务与目的
线路 6	郭家坝地灾—隧道	1	了解滑坡的形成机制、变形特征与防治措施；了解隧道的洞门、洞型、开挖与支护方法；绘制隧道洞门素描图，分析围岩等级与隧道洞型、开挖与支护方法的关系
讲座	基地	1	讲授道路、桥梁工程知识；讲授节理统计方法
线路 7	聚集坊—链子崖地灾	1	掌握危岩体的识别，了解崩塌形成机制；观察崩塌变形特征与防治措施
线路 8	基地—郭家坝道路与桥梁	1	了解桥梁的类型、构造及对应施工过程；了解公路路基、路面结构，了解道路线路相关知识；绘制典型桥梁立面图
线路 9	秭归港附近堆石场	1	观察花岗岩风化现象，了解花岗岩风化分级标准及工程意义；了解节理观察的要素，进行野外节理观察测量与室内统计
无	基地	1	休息
线路 10	大坝—凤凰山库岸	1	了解水电站大坝选型及主要工程地质问题；观察库岸高边坡的各类治理措施
报告编写	基地	3	
测试及考评	基地	1	

2）教师分组

根据专业班级数量及线路安排对教师进行分组。分组方法可采用“包班制”与“包线制”。“包班制”指教师与班级固定搭配，对所有计划线路进行轮动教学；“包线制”指教师与实习线路固定搭配，对参与的班级进行轮动教学。“包班制”

优点在于教师与学生之间可以建立比较熟悉的关系，有利于沟通与管理；缺点在于每组教师需要掌握所有线路的教学知识与方法，备课要求高、工作量较大。“包线制”优点在于每组教师只需要掌握自己擅长的几条线路的教学知识即可，但教师与学生之间的互动欠佳。基于此，当教师人数、专业结构满足要求时，推荐采用“包班制”。

3)材料准备

学生准备安全服、地质三大件、基础地质图等实习物品；除地质三大件外，教师还需准备小黑板、扩音器等野外教学器材。

4)专业知识讲座及动员

动员大会在野外实习开始前进行，主要强调实习的意义、纪律、安全与组织安排等。同时，由于专业差异与实习时间的安排，部分实习知识学生可能尚未进行相应的专业课学习。因此需要安排相应的讲座，普及部分基础知识。讲座时间可以与外业休息时间结合，分阶段安排。

5)野外实习

秭归野外实习线路中存在大量山路，交通时间较长，应提前做好司机与车辆的安排。而且，实习点常常存在一系列安全问题，诸如场地站立空间狭窄、道路交通繁忙、地形陡峭、存在落石风险等。实习班级带队老师应做好现场分工，分别负责教学工作与安全监督。

一条实习线路包含多个教学点，这些教学点通常服务于统一的教学任务与目标。因此，在进行教学点实习之前，应介绍该条线路的总体任务与目标，以便学生对线路有一个总体理解与掌握。

教学点教学是整个野外实习的核心部分。为使实习顺利开展的同时增加学生实习收获，野外实习应有适当的教学计划与安排。秭归实习点教学程序及组织如下：①教师介绍教学点点义(目的)及可能的背景知识；根据教学任务对学生提出观察对象与问题，时间安排 3～5min。②学生现场观察、测量、记录，教师跟踪观察进行引导，时间安排 5～10min(视工作量决定)。③学生介绍观察结果、对问题的看法；组织大家讨论，最终教师对现象和问题进行归纳(注意与现场观察结合)，时间安排 5～15min。④进一步工作或分析(如图形绘制、工程问题分析、开放性讨论等)，时间安排 10min 之内。以上四步工作可根据教学点信息的丰富及典型程度进行调整，总体时长 15～40min。以线路 2(高家溪地层及岩溶)的教学点 1 为例(图 4-7)介绍教学程序及组织。

图 4-7 秭归实习高家溪地层教学点 1——黄陵岩体与南华系莲沱组沉积接触

(1)点义：南华系莲沱组与晚元古界黄陵岩体接触关系；背景知识——地层接触类型，沉积旋回；观察对象——岩性识别，物质成分，产状；问题——二者接触类型及判断依据？产状？砂岩成分变化的原因？

(2)学生现场进行观察；教师适当引导，在黑板上作信手地质剖面图。

(3)学生展示岩性、物质成分、产状的观察测量成果，总结结论；讨论砂岩成分变化的原因，归纳不同地层接触类型的露头特征，获得答案。

(4)展示信手地质剖面图，安排学生在野簿上绘制黄陵岩体—莲沱组地层接触剖面图；布置开放性问题——该点与线路 1(黄陵岩体西侧)观察到的岩石接触关系与产状有何不同？为什么？

4. 实习报告编写

完成计划线路的实习工作后，安排学生完成实习报告。实习报告是对实习工作的总结与归纳，主要以线路知识(野簿记录)为基础，但考虑到线路与知识面并不是完全的一一对应关系(例如线路 2 既包括地层知识又包括岩溶知识)，所以实习报告还需要对各个知识点进行提炼与归纳。在此基础上，辅以正确的图片(示意图或现场照片)说明，并结合实习指导书或网络资料进行一定的补充，最终完成实习报告的编写。

5. 测试与考评

学生野外实习的最终得分由考评决定，考评内容包括四项(表 4-6)。具体考评方式可由实习教学小组协商决定，以强化学生野外观察、记录、分析能力为目标，兼顾可量化操作性。

表 4-6　土木工程专业(含地下工程方向)秭归教学实习评分标准

考核项目	分值比例/%	考核重点
野外表现	20	以 75 分为基准，根据现场观察、结论展示、回答问题等情况适当增减分
野簿记录	30	文字、素描图等格式规范，字迹工整、内容准确、翔实
实习报告	30	组织架构清楚，内容全面、正确，图文并茂，格式规范，字迹工整
面试考核	20	岩性辨识，产状测量，实习知识点抽查两点(约 5min/人)

(三)秭归野外教学实习的问题与改革

作为野外实习，秭归教学实习与北戴河地质认识实习既存在类似的问题，也存在自身特有的问题。

1. 实习时间与专业课的衔接

目前，中国地质大学(武汉)土木工程专业(含地下工程方向)的秭归教学实习安排在大二暑假。本科生尚未接触专业主干课程，对于地质灾害识别及防治、地下建筑结构及施工等知识完全陌生，因而教学深度及效果受到限制。为改善这一状况，教学小组准备了专业知识讲座项目，安排在每三天一次的休息时间，该讲座目的是为后面的实习提供专业基础知识。这一问题的根本解决涉及专业实习时间的调整，因此困难较大。

2. 工程施工教学点的建设

作为土木工程专业大类学生的野外实践教学活动，如何在野外教学实习中将工程建设与工程地质条件关联起来，让学生对地下工程专业和地质学之间的紧密联系有一个主观的印象，是培养具有“宽厚地质学基础和扎实工程知识”复合型人才的一个关键。因此，大型工程的现场教学可以体现专业特色，对复合型人才的培养具有重要意义。

然而,工程施工是一个变化过程,在不断的取得进展,今年的工程施工教学点明年就不一定可以正常使用。这不仅对实习线路建设提出了要求,也要求对工程施工教学点的备课知识有一定更新,这些都加大了教学实习的难度。例如,2019 年参观童庄河大桥围堰工程[图 4-8(a)]及秭归长江大桥拱座及边坡加固工程[图 4-8(b)],目前都已经建设完毕,无法结合现场讲授地下工程设计及施工。

(a)参观童庄河大桥围堰工程

(b)秭归长江大桥右岸拱座

图 4-8 秭归实习工程施工教学点

3. 学生学习的主体作用

无论室内教学还是野外实习,调动学生学习的主动性都是教学过程中的重要一环。相比室内教学,野外实习在趣味性、交流方面有着天然的优势,然而在组织上相对难一些,不易察觉主观上想偷懒的同学。这种情况可以通过以下手段加以改善。

(1)问题教学——将学生的观察对象、任务以问题的方式陈述,让学生带着问题去观察、思考。例如,将“请同学们观察岩性特征”表述为“大家看看该点的岩石类别,你是怎么判断的,它与××岩的表观特征有什么区别?”,以此培养学生思考、分析的习惯。

(2)过程监控——在学生进行现场观察、测量工作时,教师可以跟随学生一起进行观察。这个“跟随”既可以是随机的,主要是解答同学们现场可能遇到的问题;也可以是有针对性地跟随频繁开小差的同学,让他们感受到教师的关注,放弃偷懒的念头、参与到现场工作中。

(3)抽查展示——对于布置的问题与任务,邀请抽查同学进行展示、介绍,教师再进行归纳总结。抽查时既要表扬优秀、主动的学生,也要监督、鼓励开小差的学生。当教学时间紧张时,可将学生按任务进行分组,4~5 人为组,每 1 组或

2组解决一个问题或任务。这样可将学习的压力转移到学生个人,变被动学习为主动学习;同时将教师监督的压力部分转换为同学监督、组内监督的压力;还可以促进同学之间、师生之间的良性互动。

通过以上几点方法,可以较好地发挥绝大部分同学学习的主观能动性,获得良好的野外教学效果。

4. 科学思考能力的培育

教材上的地质现象通常有着明确、简洁的图形,并有着逻辑严密的理论解释,然而,野外地质现象要更直观、复杂与多样化,这为培育学生的独立思考能力提供了契机。目前对于实习中遇到的一些有趣现象(图4-9),教学中仍然停留在对现象的简单描述与模棱两可的解释中,没有把它们利用起来,鼓励学生运用类比、归纳、演绎的科学推理方法进行思考与探索。这一方面的工作仍然有待加强。

(a)横墩岩隧道西出口水井沱组内的巨型结核(飞碟石)

(b)九畹溪桥头覃家庙组平卧褶皱

图4-9 秭归实习区典型地质现象

主要参考文献

金文正.北戴河地质认识实习的现状及改革建议[J].内江科技,2022,12:93-94.

张利,朱宗敏,谢树成,等.快乐教育快乐教学快乐地质——北戴河地质认识实习的几点体会[J].教育教学论坛,2019(47):27-30.

朱宗敏,陈林,王家生.北戴河地质认识实习指导书[M].武汉:中国地质大学出版社,2019.

第五章　创新创业教育及实践

新工科的建设和发展旨在培养能满足技术变革需要的新工科人才，以科技创新推动产业创新，促进行业高质量发展，新工科人才培养也更加注重创新和实践能力培养。因此，创新创业教育是新工科人才培养的重要环节。中国地质大学（武汉）坚持将创新创业教育融入人才培养全过程，推动专业教育与创新创业教育相融合，按照师资、课程、平台、活动、服务“五位一体”协同推进大学生创新创业教育，通过课程链、赛事链、孵化链，整体提升学生创新意识、创新思维、创新能力，取得了一定成效。

第一节　创新创业教育的背景与基本原则

1. 新工科人才创新创业教育背景

新工科人才培养是国家应对新一轮科技革命和产业变革，在国家高端技术竞争中确保自身发展安全和地位建成制造强国，并适应国家经济社会发展需要提出来的工程教育改革，更加强调学生的实践能力、创新能力、解决实际问题能力，培养的是复合型的工科人才。新工科人才培养的核心就是创新能力，因此培养新工科大学生的创新精神、创新意识、创新思维尤为重要。

国家和高校历来高度重视大学生创新创业教育工作，深化高校创新创业教育改革也是国家实施创新驱动发展战略、促进经济提质增效升级的迫切需要，是推进高等教育综合改革、促进高校毕业生更高质量创业就业的重要举措。党的十八大、党的十九大、党的二十大报告也多次提及科技创新、高水平科技自立自强、创新人才培养。对高校而言，创新创业教育的主线是深化教育教学改革，以转变教育思想、更新教育观念为先导，以培养全面发展的高素质创新型人才为目标，以提升学生社会责任感、创新精神、创业意识和创新创业能力为核心，以建立创新创业基地和条件平台为支撑，以实践创新创业赛事和活动为载体，以优化创新创业制度和环境为保障，建立具有校本特色的大学生创新创业教育体系。

2. 新工科人才创新创业教育基本原则

(1)坚持育人为本,提高培养质量。以全面推进创新创业教育改革为突破口,深化教育教学和人才培养模式改革,推进专业教育与创新创业教育的有机结合,促进学生全面发展,提升学生综合素质,努力造就大众创业、万众创新的生力军。

(2)坚持强化基础,补齐培养短板。着力建立完善创新创业教育课程体系和培训体系,培育创新创业教育师资队伍,突破人才培养的薄弱环节。深入开展创新创业实践活动,不断提升学生创新创业基本技能,增强学生创新创业意识和能力。

(3)坚持搭建平台,汇聚培养合力。着力建立完善创新创业空间、办公仪器设备、创新创业服务等平台,为大学生提供更好、更完备的创新创业基础设施。集聚学校、科研院所、政府、企业等创新创业教育要素与资源,形成开放合作、协同推进创新创业教育的新局面。

(4)坚持重视引导,营造文化氛围。着力完善制度设计,创新政策工具,锐意进取改革,优化激励机制,积极引导更多学生自主创业,不断提高学生创业成功率,以创新引领创业,以创业带动就业。加大宣传力度,营造有利于学生创新创业的良好生态环境。

第二节　地下工程专业人才创新创业教育的探索与实践

1. 健全组织机构,形成育人合力

学校成立了大学生创新创业教育领导小组,定期召开会议,审定大学生创新创业工作要点,决定重大事项及年度预决算。下设大学生创新创业教育领导小组办公室,挂靠在党委学工部大学生创新创业教育中心(以下简称"中心"),定期组织召开中心办公会,负责及协调大学生创新创业教育的日常工作。同时,中心下设创业教学部、创业实践部、基地项目部和综合管理部。其中,创业教学部设置在本科生院和研究生院,负责研究制定创新创业教育教学工作的规划和相关制度,统筹协调和组织学校创新创业教育教学工作和师资队伍建设工作;创业实践部设置在校团委和本科生院,负责创新创业竞赛和创业实践活动的组织和开展;基地项目部设置在地质资源环境工业技术研究院(以下简称"资环工研院")和学生工作处(部),负责大学生创新创业基地平台的建设开发、创新创业项目的申报审核和孵化;综合管理部直属于中心,负责创业培训、创业辅导服务以及其他相关事务的组织协调,本科生院、研究生院、校团委、资环工研院明确具体负责的科室且落实到人。构建形成了学校、学院、系、学生班级上下贯通的多级大学生创新创业教育工作格局,实现大学生创新创业教育工作的制度化、常态化、规范化。

2. 实行学术卓越计划,创新人才培养机制

学科专业动态调整。建立了以需求导向的学科专业结构和创业就业导向的人才培养类型结构调整新机制。学院严格落实招生就业工作"一把手"责任制,促进招生、培养、就业三位一体,实行招生专业预警与动态调整机制,党政联席会、党委会专题研究大学生招生、培养与就业工作。定期发布就业质量报告,综合考虑学科及专业发展水平和就业质量,建立招生计划动态调整机制。中国地质大学(武汉)自 20 世纪 90 年代创办土木工程专业以来,就组建地下建筑工程方向。进入 21 世纪后,随着人类工程建设活动蓬勃发展,城市轨道交通、地下综合管廊、深基坑等大工程对地下工程人才的大规模需求,学校新开设城市地下空间工程专业,并组建"地下空间工程系"统筹地下建筑工程与城市地下空间工程专业人才培养。

深入实施"学术卓越计划",加强教风学风建设。学校按照"鼓励创新、服务需求、科教结合、特色发展"的原则,以绩效考核为主线,进一步提高教学质量标准和学术标准,鼓励和引导广大教师扎实教学、勇于创新。以追求学术卓越为价值取向,引领优良学风建设。

实施"拔尖创新人才培育计划",完善多样化人才培养体系。学校持续创新科教协同育人机制以及校企、校地和国际合作的协同育人机制,积极吸引社会资源和国外优质教育资源投入创新创业人才培养。搭建研究生校内外学术交流平台,构建"以学术研究为载体,学科竞赛为桥梁,学术交流为平台"的三种学术交流模式,开展跨学科交叉领域的探究式学术交流和学科综合及重特大前沿问题研究的学术交流。各课题组每周开例会汇报研究进展,支持全体研究生参与学术纵横论坛,在课题组内进行学术报告。

学校引进优质课程体系、教材专著、优秀教师等国际教育资源,建立与国际一流高校接轨的国际化教学模式,努力拓宽学生进入世界知名大学和研究机构的渠道,近五年地下工程专业本科生每年均有出国(境)升学。

学院积极开设跨学科专业的交叉课程,如"城市地下空间规划与利用""城市地下管网工程”“地铁与轻轨工程”“盾构与非开挖技术”“BIM技术基础”“绿色建筑概论”等，形成了跨学科、跨专业交叉的创新人才新机制，此外地下建筑和城市地下空间工程专业教学计划中，还有一大批可以跨专业选修的课程和创新创业学分。

学院大力支持研究生国际交流，扩大研究生短期国际访学和参加国际学术会议覆盖面。学院资助土木工程、地下工程专业研究生出国出境参加国际学术会议并报销差旅费以及短期访学学费，资助研究生参加雅思、托福考试。充分发挥“111创新引智基地”作用，大力引进国外高校知名专家学者，促进海外人才和校内学术科研骨干融合，共同培养研究生，提高研究生国际视野和能力。

3. 健全创新创业教育课程体系

学校建立了创新创业教育与专业教育紧密结合的多样化教学体系。重视专业课程建设，积极推进基于“专业＋创新创业”的教学内容、课程体系和实践教学改革，将专业教育、创新教育与创业教育有机结合，积极培养学生的创业兴趣和创业意识，提高学生创业基本技能。建设依次递进、有机衔接、科学合理的创新创业教育课程群。学校将创新创业教育贯穿于大学教育的全过程。从入学开始即对新生进行关于创新创业的普及性教育，把创新创业教育与大学生思想政治教育、就业教育和就业指导服务有机衔接。优化开发创新创业教育基础课程，将创新创业教育有效融入现有教学计划和培养方案。将《大学生创业基础》等课程作为通识选修课面向全体学生开放。形成涵盖第一课堂和第二课堂、线上和线下课堂的全面立体的创新创业课程体系。

4. 改革教学方法和考核方式

深化课程教学方法改革。学校深入改革课程教学普遍存在的单向知识传递模式，鼓励教师广泛开展启发式、讨论式、参与式教学，扩大小班化教学覆盖面。完善学生学习支持体系建设，加强对学生的咨询与指导服务。改革考试考核内容和方式，鼓励教师采用多样化的学业考核方式，不断完善学生学习过程的检测、评估与反馈机制。

5. 强化创新创业实践

学校建成了近1000m²的大学生创新创业教育实践和孵化物理空间平台，提供创业项目孵化的软硬件支持。为大学生提供创业经营场所，开具场地使用证明，为公司经营免除场地租金。创新创业基地内常驻日常经营办公的公司现有十几家。工程学院推进各类实验室等科技创新资源开放共享，依托科研实验室

的专业优势，建成了大学生科技创新活动中心，实体建筑面积 45m^2，可同时容纳数支科创团队开展学术研讨、项目汇报路演和项目辅导。工程学院建成了地下工程虚拟仿真实验室，推进信息技术与实验教学的深度融合。可开展地下工程专业学生地下隧道开挖虚拟仿真教学，以更加贴合实际和真实的场景让学生深刻理解感受地下工程开挖的全过程和全流程。

深入实施国家大学生创新创业训练计划。学院积极发挥大学生创业俱乐部、大学生科学技术协会等学生组织引领性作用，建设好结构模型设计协会、非开挖技术研究会、地震及地质灾害防治研究会等学生科技类社团，打造“社团＋学术团队”的兴趣科研联合体。大力开展科创启航训练营、科技节、创业励志讲座等系列活动，邀请企业家、教育家和优秀校友参与论坛、讲座以及指导学生创业；适时与相关专业公司合作开展创新创业实训。每年设立英才工程科研类“科学家计划”和创业类“企业家计划”，对学生资助申报的科技创新项目和创业项目按照 3000～5000 元/项进行资助。

实施“实践育人计划”，丰富创新创业社会实践活动，实现第一课堂与第二课堂有效衔接。学校每年大力开展“创青春”中国大学生创业计划竞赛、“挑战杯”中国大学生课外学术科技作品竞赛、中国国际“互联网＋”大学生创新创业大赛等各类创新创业竞赛。积极动员专业教师参与指导创新创业赛事，组建本科—硕士—博士的科创团队，成员涵盖地下工程、经济管理类、艺术设计类、工商管理类等多元化学生组成，实现了跨专业交叉融合。2018—2023 年，学院在各类创新创业赛事中获得省级以上荣誉数十项。

6. 改革教学和学籍管理制度

设立创新创业学分。在校学生毕业须修满 5 个创新创业学分，建立了创新创业学分积累与转换制度，将学生开展创新实验、发表论文、获得专利和自主创业等情况折算为学分。指导学生制定创新创业能力培养计划，建立完善大学生创新创业情况统计制度。

完善学籍管理制度。学校支持学生保留学籍、休学创业，实施弹性学制，本科生最长修业年限为 6 年。设立创新创业奖学金，依托地大英才奖学金，不断加大创新奖学金和创业之星奖学金的奖励比例，支持学生全面发展。学院还专门设立创新创业奖学奖教金，引进包头城建集团、厦门安越集团等校外企业捐资助学，累计达 70 万元，对参加各类创新创业赛事的学生团队进行资助、对获奖团队进行奖励、对获得国家级奖励的指导教师进行奖励。

7. 增强教师创新创业教育能力

依托“强化教师教学激励与教学能力提升计划”，提升教师创新创业教育能力。学校层面制定了教授、副教授上课保障制度，进一步明确了教师创新创业教育责任。学院层面制定了本科教学奖励保障制度，完善激励机制，从教学考核、经费支持、能力培训、职称评聘等方面对从事创新创业教育工作的教师给予倾斜和支持。

学校建立了一批创新创业导师队伍。从创业经济、创业管理和创业教育研究，以及创业培训和创业实践等方面着手，大力培育创新创业教育师资。引导各专业教师、就业指导教师积极开展创新创业方面的理论和案例研究。定期组织教师培训与交流，不断提高教师教学研究与指导学生创新创业实践的水平；支持教师进企业、进社区、进政府部门挂职锻炼；支持新留校教师进入博士后工作站从事科研工作，鼓励教师参与社会行业的创新创业实践。积极与武汉市创业天使导师团等机构或组织联系，聘请企业家、优秀校友、专家学者等，建立一支专兼结合的高素质创新创业教育师资队伍。

学校建立健全了科技成果转化机制。推进科技成果转移转化管理改革试点工作，全面推进科技成果转化管理体制机制改革，制定了合适的技术转移收益分配激励政策和管理制度。面向市场需求建立了研发平台，加强新型产业技术研究院建设。建立起了创新平台、技术转移、企业孵化一条龙的科技成果转化服务体系。建立了涵盖财务、管理咨询、人力资源、市场开拓、投融资服务于一体的技术转移服务体系。培养和引进了一批专业技术转移经纪人队伍。学校参与了国家技术转移中部中心技术转移综合服务市场和中国(武汉)海外人才离岸创新创业中心建设，提升了学校科技成果转化能力和技术转移工作的国际化水平。

8. 做好学生创业指导服务

强化创业指导服务组织体系建设。学校建立了大学生创新创业教育中心的机构设置和职能定位，做到“机构、人员、场地、经费”四到位。建立完善了“学院创业联络员＋中心创业辅导员＋创业导师”的创业指导服务组织体系。学院明确了1名辅导员兼任“创新创业教育专员”，各班级设立“创新创业委员”，打造“专员＋委员”的学院创业联络员队伍；安排专人负责创业辅导和创业服务工作。

推进创业指导服务“线下平台”建设。学校积极联合政府部门共同建立了“大学生创业工作服务站”和“科技创新与创业管理研究中心”，开展创业意愿调查、创业环境评价，提供创业政策咨询、创业流程指导和跟踪服务，组织编写了《大学生创业指导手册》《大学生自主创业重点政策解读》等创业辅导资料，解决大学生创业"最初一公里"的各种瓶颈。对有创业意愿的学生，根据需要组织创业导师开展"一对一"的跟踪指导服务和培训。广泛收集创业项目、创业政策、创业实训等信息，建立创业项目、创业政策、创业导师、创业校友、创业先锋等方面的数据库。

9. 完善创新创业资金支持和政策保障体系

落实创新创业教育专项经费，不断加大创新创业教育投入。将创新创业教育所需经费纳入学校年度预算，设立大学生创新创业教育专项资金，按规定使用中央高校基本科研业务费，共同用于开展创新创业培训、支持创新创业赛事、建设创新创业基地平台、完善创业综合服务体系、扶持重点创新创业项目、从事创新创业理论研究等。积极吸引社会资金支持创新创业教育，资助学生创新创业项目。学校、学院建立了与知名创投公司的战略合作关系，对具有资本增值潜力和持续成长能力的大学生创业企业进行股权投资。帮助学生成功获取并合理利用政府设立的天使投资资金、创业种子资金、创业投资引导基金和创业小额担保基金等。积极争取国家科技型中小型企业创新基金项目、湖北省和武汉市大学生创业扶持项目，以及政府相关部门或社团组织提供的各种大学生创业扶持资金项目的支持。

完善创新创业教育政策保障体系。学校制定并发布了《创新创业学分认定管理办法》《大学生因创业休学管理办法》《大学生创新创业教育实践（孵化）基地管理办法》等一系列创新创业教育管理规定和制度。学校各相关单位均对大学生创新创业进行支持鼓励。

10. 注重宣传营造创业氛围

学校学院积极营造"创新引领创业，创业成就梦想"的氛围，不断增强大学生创新创业意识。通过组织大学生创新创业事迹报告团、设立大学生创新创业先锋榜等形式多样的活动，宣传和表彰创新创业事迹突出的先进典型，引导学生树立科学的创新观、创业观、就业观和成才观。充分利用报刊、广播、网络等媒体，积极宣传国家和地方促进大学生创新创业的优惠政策和措施，激发学生的创新创业热情。

第三节　地下工程专业人才创新创业教育主要成绩

1. 近年学生创新创业赛事获奖

学院每年组织学生参加中国国际“互联网＋”大学生创新创业大赛、“挑战杯”全国大学生课外学术科技作品竞赛和“创青春”中国大学生创业计划竞赛，获得省级以上奖励数十项，其中地下工程专业学生获奖十余项（表5-1～表5-3）。

表5-1　学校地下工程专业学生参加中国国际“互联网＋”大学生创新创业大赛获奖情况

年份	项目	学生负责人	指导老师	获奖级别
2022	岩新智能——地下工程施工智慧探测预警专家	周杰	焦玉勇、文新、谭飞、张国华	省级铜奖
2021	隧道卫士——国内物联网隧道超前探测专家	周杰	焦玉勇、文新、谭飞、张国华、张美霞	入围国赛、省级银奖
2021	矿安科技——智慧矿山安全开采守护者	安雪峰	焦玉勇、邹俊鹏、文新、张美霞	省级铜奖
2020	隧道减震修复材料项目	顾功辉	徐方、姚琳	省级铜奖
2018	路通——新型路基路面材料产业化项目	王宇君	徐方、姚琳	国家铜奖

表5-2　学校地下工程专业学生参加“挑战杯”“创青春”大赛获奖情况

年份	赛事	作品/项目	负责人	指导老师	获奖级别
2022	湖北省第十二届“挑战杯”大学生创业计划竞赛	本垚科技——全固废“磷”添加环保材料	徐静波、许劲	徐方、文新	省级银奖
2021	“创青春”湖北青年创新创业大赛	隧道卫士——国内物联网隧道超前探测专家	关鹏	焦玉勇	省优秀奖

续表 5-2

年份	赛事	作品/项目	负责人	指导老师	获奖级别
2019	湖北省第十二届“挑战杯”大学生课外学术科技作品竞赛	基于气孔结构优化的地质聚合物泡沫混凝土墙体保温材料研发	顾功辉	徐方、彭超	省级二等奖
2017	第十五届“挑战杯”全国大学生课外学术科技作品竞赛	新型无机地聚合物—纤维道路路面修补材料研发与应用	邓新、黎亦丹	徐方	国家三等奖、省级二等奖

表 5-3　学校地下工程专业学生参加其他创新创业赛事获奖情况

年份	赛事	作品/项目	负责人	指导老师	获奖级别
2020	第三届“地质＋”全国大学生创新创业大赛	基于物联网的隧道超前地质探测系统	仝德富	焦玉勇、谭飞	全国优秀奖
2020	第三届“地质＋”全国大学生创新创业大赛	卓尔之材，护隧道一方	李海云	徐方、姚琳	全国银奖
2021	湖北省“聚荆楚 创立方”创新创业大赛	国内物联网隧道超前探测专家	关鹏	—	创立方优秀之星

2. 近年学生获批各类科创项目

学院积极动员广大学生参与科创项目，进行创新创业实训。学校也设置了国家级大学生创新创业训练计划、大学生自主创新资助计划、大学生基础科研训练计划等科创项目，金额从一千元到数万元不等（表 5-4～表 5-7）。

表 5-4　学校地下工程专业学生 2019 年获批大学生创新创业训练项目情况

项目编号	项目名称	指导老师	项目类型	负责人	项目级别
201910491088	水侵蚀环境下脱硫灰理化特征对沥青混凝土性能的影响机制研究	陈宗武	创新训练项目	张阳	国家级

续表 5-4

项目编号	项目名称	指导老师	项目类型	负责人	项目级别
201910491089	再生骨料内部结构优化研究	徐方	创新训练项目	刘晓惠	国家级
201910491092	钢渣在沥青混凝土中的全粒径应用关键技术研究	陈宗武	创新训练项目	王艺	国家级
S201910491181	爆破振动影响下围岩一喷射混凝土二元界面强度劣化规律研究	蒋楠	创新训练项目	李艺彤	省级

表 5-5　学校地下工程专业学生 2020 年获批大学生创新创业训练项目情况

项目编号	项目名称	指导老师	项目类型	负责人	项目级别
202010491001	沉管隧道回填用水下抗分散泡沫轻质土组成设计与成孔机理研究	徐方、陈建平	创新训练项目	李海云	国家级
202010491029	基于界面增强技术的钢渣沥青混凝土抗水损害性能改善研究	陈宗武、焦玉勇	创新训练项目	董一丹	国家级
202010491075	钢铁渣在沥青混凝土中的协同利用关键技术研究	陈宗武	创新训练项目	冯娜敏	国家级
S202010491071	岩体水平孔水压致裂机理及计算模型	闫雪峰、张鹏	创新训练项目	寇桓嘉	省级
S202010491078	地聚物固化磷石膏路基填料水稳性能提升机理研究	徐方	创新训练项目	余永强	省级

续表 5-5

项目编号	项目名称	指导老师	项目类型	负责人	项目级别
S202010491096	粉煤灰基地聚合物路面快速修补材料抗裂性及抗碳化机理研究	徐方	创新训练项目	王涵	省级
S202010491097	工业矿渣联合 WEPS 颗粒轻质固化疏浚淤泥的路用性能研究	吴雪婷	创新训练项目	李美权	省级
S202010491105	岩体结构面影响下的爆破振动波的传播特征	周传波	创新训练项目	肖可	省级
S202010491150	工业园区地下空间协同开发利用——以武汉长江新城工业园区为例	谭飞	创新训练项目	闫重玮	省级
S202010491171	香根草联合连翘在现代化高速公路边坡防护中的护坡方案研究	吴雪婷	创新训练项目	张硕彦	省级
S202010491172	考虑中间主应力的砂性黏性互层填土挡墙主被动土压力研究	谭飞	创新训练项目	林嘉禹	省级
S202010491195	城市地下工程爆破影响下临近埋地输水管道安全评估及控制技术	蒋楠、罗学东	创新训练项目	涂巾铭	省级

表 5-6 学校地下工程专业学生 2021 年获批大学生创新创业训练项目情况

项目编号	项目名称	指导老师	项目类型	负责人
S202110491096	粉煤灰基地聚合物路面快速修补材料抗裂性及抗碳化机理研究	徐方	创新训练项目	王泳腾

续表 5-6

项目编号	项目名称	指导老师	项目类型	负责人
S202110491097	工业矿渣联合 WEPS 颗粒轻质固化疏浚淤泥的路用性能研究	吴雪婷	创新训练项目	李美权
S202110491147	基于 EIT 技术的岩层溶洞几何形态和定位研究	周小勇	创新训练项目	桑英杰

表 5-7　学校地下工程专业学生 2022 年获批大学生创新创业训练项目情况

项目编号	项目名称	指导教师姓名	项目类型	负责人	项目级别
202210491024	再生集料的有机强化及其沥青混凝土工程性能研究	陈宗武	创新训练项目	王逸美	国家级
S202210491060	基于响应面法的新型 UHPC 组成设计的研究	徐方	创新训练项目	刘成	省级
S202210491115	基于固碳行为的钢渣表面性能缺陷修复及其沥青混凝土生态特征研究	陈宗武	创新训练项目	韩艺冰	省级

3. 近年学生授权专利情况

学院经常性组织专利写作与申报、科技成果转化讲座培训，在本科生英才工程资助计划、研究生学术领航计划中专门资助学生参与科技制作发明与专利申请(表 5-8)。

表 5-8　学校地下工程专业学生近年授权发明专利情况

专利名称	专利申请人
CO₂爆破应变能转换系数与等效炸药计算公式获取方法	周盛涛、罗学东、蒋楠、张诗童、唐啟琛

续表 5-8

专利名称	专利申请人
一种模拟施工状态的再生骨料透水混凝土浆体均匀性评价装置	徐方、李云凡、李恒、高鹏鹏、刘耀邦、顾功辉、刘晓慧、农素颖、樊赖宇、江龙辉、周宇、兰宇
一种切割吞管式管道更新装置	闫雪峰、王铁、马保松、曾聪、张鹏
一种隐伏含水体的制作方法	黄才彬、焦玉勇、钟天、张为社、严成增、谭飞、吕加贺、王浩
一种滑入式拼装顶管管节及其施工方法	冯鑫、张鹏、马保松、周浩
一种高压单腔式旁压仪探头	吴泽阳、焦玉勇、姚爱国、邹俊鹏、谭飞、严成增、唐志成、程毅、邱敏
研究爆破振动下饱水软弱结构面强度渐变劣化规律的方法	蒋楠、吴廷尧、罗学东、周传波、夏宇磬、张玉琦、朱斌
利用水压锁止的水平定向钻进工程地质勘察压水试验装置	刘瀚、闫雪峰、王强、曾聪、赵强、李信杰
一种用于室内土体空腔膨胀实验的装置	陈杨、曾聪、闫雪峰、马保松
基于卷积神经网络多物探法耦合的地质超前精细预报方法	陈再励、吴立、董道军、程瑶、闫天俊、李丽平、张美霞

4. 学生创业典型

武汉岩新智能科技有限责任公司，注册资本 50 万，注册日期 2020 年 9 月，法定代表人关鹏是学校土木工程专业博士。公司注册地址：洪山区鲁磨路 388 号中国地质大学（武汉）北区聚创楼大学生创业实践（孵化）基地 317－5 号。经营范围包含：建设工程勘察、建设工程设计、测绘服务、地质灾害危险性评估、安全评价业务、各类工程建设活动、检验检测服务、住宅室内装饰装修。建筑劳务分包(依法须经批准的项目,经相关部门批准后方可开展经营活动,具体经营项目以相关部门批准文件或许可证件为准)一般项目:公路水运工程试验检测服务、物联网技术研发、工程技术服务(规划管理、勘察、设计、监理除外)、技术服务、技术开发、技术咨询、技术交流、技术转让、技术推广、工程和技术研究和试验发展、土石方工程施工、智能仪器仪表制造、机械设备租赁、建筑材料销售、仪器仪表销售、电子产品销售、软件销售、电子元器件制造、机械设备销售、电力电子元器件销售、光电子器件销售、物联网设备销售。

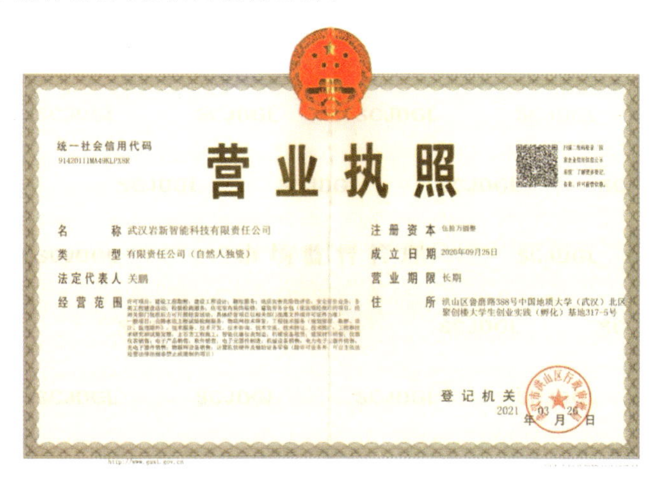
营业执照

统一社会信用代码 91420111MA49KLPX8R

名　　称　武汉岩新智能科技有限责任公司

类　　型　有限责任公司(自然人独资)

法定代表人　关鹏

注册资本

成立日期　2020年09月25日

营业期限　长期

住　　所　洪山区鲁磨路388号中国地质大学(武汉)北区聚创楼大学生创业实践(孵化)基地317-5号

登记机关

2021 年 03 月 26 日

http://www.gsxt.gov.cn

该公司依托学校地下工程方向,研发了基于物联网技术的隧道超前探测系统,并面向国内隧道施工企业、相关科研院所进行销售超前探测设备,目前年销售额已达到数十万元。

5. 创新创业导师团队

学校学院积极邀请知名投资人、企业高管、公司创始人担任创新创业导师,形成了一批强大的导师团队,到校开设创新创业讲座,参加创新创业沙龙活动(表 5-9)。

表 5-9　学校创新创业导师团队

序号	姓名	性别	单位	职务
1	俞敏洪	男	新东方教育集团	董事长兼创始人
2	周宗文	男	深圳周大生珠宝有限公司	董事长

续表 5-9

序号	姓名	性别	单位	职务
3	林明杰	男	北京千叶世纪珠宝首饰有限公司	董事长
4	潘鸿宝	男	北京发研工程技术有限公司	董事长
5	郑宏俊	男	威尔敦一雅加(漳州)体育用品有限公司	董事长
6	黄梦	男	上海点客信息技术股份有限公司	董事长
7	刘宏	男	湖北盛泰文化传媒有限公司	董事长
8	王学海	男	人福医药集团股份公司	董事长
9	李娟	女	楚商创投基金	董事长
10	孙正权	男	广东无极道投资有限公司	董事长
11	王鹏	男	深圳钻通总公司	董事长
12	严炜	男	湖北恒顺矿业有限责任公司	董事长
13	庄儒桂	男	深圳市福麒珠宝首饰有限公司	董事长
14	赵红梅	女	无极道产业金融控股集团	董事长
15	熊友辉	男	武汉四方光电科技有限公司	总经理
16	郝义国	男	武汉地质资源环境工业技术研究院有限公司	总经理
17	胡越华	男	湖北盛泰文化传媒有限公司	总经理
18	董思艺	女	武汉光谷创意产业孵化器有限公司	总经理
19	蔡宗池	男	创库咖啡	总经理
20	张盛丰	男	杭州市新湖创业投资股份有限公司	总经理
21	廖敏	男	达晨创投湖北分公司	总经理
22	刘智敏	男	成都菲斯特化工有限公司华中营销中心	总经理
23	林添伟	男	深圳市缘与美实业有限公司	总经理
24	邓元兵	男	武汉东湖新技术创业中心	总经理
25	孙前进	男	武汉驻马店商会	会长

续表 5-9

序号	姓名	性别	单位	职务
26	梅涛	男	武汉恒达四方工程有限公司	总经理
27	付东	男	中国大唐集团公司	副总经理
28	肖江平	男	湖南湘钢集团有限公司	副总经理
29	杨力强	男	中国交通建设集团	副书记/副总裁
30	吴杨建	男	湘电集团	财务总监
31	张敏	女	武汉高科国有控股集团有限公司	副总经理
32	宣洁	女	武汉光谷咖啡创投有限公司	常务副总经理
33	刘超	男	武汉地质资源环境工业技术研究院有限公司	副总经理
34	吴波	男	武汉地质资源环境工业技术研究院有限公司	副总经理
35	梁嘉文	男	无极道产业金融控股集团	总经理/助理
36	杨德亮	男	物回宝绿能量青年绿色服务中心	副主任
37	曾莉	女	武汉留学生创业园管理中心	副主任
38	夏勇	男	华工科技产业股份有限公司	技术中心经理
39	王渊	女	中国电信武汉分公司	营销部副主任
40	皮云生	男	兴业银行武汉分行-企业金融光谷业务总部	部门经理
41	汪学铁	男	深证创维 RGB 电子有限公司	人力资源部总监
42	孙劲松	男	武汉中地大资产有限公司	副总经理
43	刘修欣	男	武汉光谷创意产业基地建设投资有限公司	部门经理
44	刘峥	男	国家开发银行湖北省分行	信贷部主任
45	徐慧强	男	湖北省高新技术产业投资有限公司	运营总监
46	文晓多	男	湖北省高新技术产业投资有限公司	业务经理
47	尧芳	女	武汉青桐园创业咖啡创新型孵化器	运营总监
48	赵荣凯	男	长城战略咨询武汉分公司	执行总监

续表 5-9

序号	姓名	性别	单位	职务
49	姚先桥	男	武汉科技金融创新中心	咨询顾问
50	陈春	男	国土资源部珠宝玉石首饰管理中心	业务部主任
51	刘跃进	男	中国地质装备总公司	总工程师
52	郭力	男	中国交通建设集团	教授级高工、总经理
53	赵朝云	男	武汉地质资源环境工业技术研究院有限公司	总经理助理
54	刘永	女	武汉中地数码集团有限公司	教授、集团总裁
55	卢禄华	男	厦门三烨传动机械有限公司	中级工程师、总经理
56	郑洪标	男	武汉中仪物联技术股份有限公司	高工、董事长
57	晏文临	男	武汉创客空间信息管理有限公司	工程师、总经理
58	徐可瑞	男	深圳市架桥资本管理股份有限公司	市场总监
59	吕国	男	北京阳光创译语言翻译有限公司	董事长
60	陈建	男	武汉地质资源环境工业技术研究院有限公司	副总经理
61	程莹莹	女	武汉地质资源环境工业技术研究院有限公司	产业经济研究中心副主任
62	李涛	男	武汉地质资源环境工业技术研究院有限公司	总经理助理
63	刘超	男	武汉地质资源环境工业技术研究院有限公司	副总经理
64	罗林波	男	武汉地质资源环境工业技术研究院有限公司	副总经理
65	吴剑文	男	武汉聚享互创科技有限公司	总经理
66	徐沛歆	男	武汉地质资源环境工业技术研究院有限公司	项目经理
67	袁伟	男	演讲之家	创始人
68	张江龙	男	武汉地质资源环境工业技术研究院有限公司	副总经理
69	张中	男	武汉地质资源环境工业技术研究院有限公司	天使基金总经理

续表 5-9

序号	姓名	性别	单位	职务
70	马嘉川	男	直白 talk	董事长
71	文晓多	男	湖北高新技术产业投资有限公司	投资经理
72	刘小辉	男	海南立天实业有限公司	董事长兼创始人
73	梅仲豪	男	广州飞瑞敖电子科技有限公司	总裁
74	孟学军	男	广州飞瑞敖电子科技有限公司	高级工程师/教授
75	夏震	男	武汉时代地智科技股份有限公司	高级经营师、董事长
76	肖嘉	男	湖北省鄂西生态文化旅游圈投资有限公司	项目投资经理
77	郑明	男	湖北同心梦想青桐创咖有限公司	董事长
78	王会敏	女	武汉点亮资本投资有限公司	常务副总经理
79	孙琦琳	男	武汉海聚投资有限公司	董事长
80	陈滢	男	慧科集团慧科研究院	院长
81	张大刚	男	武汉索泰能源科技股份有限公司	董事长
82	聂伟	女	盛隆电气集团有限公司	副总经理
83	俞熔	男	美年大健康集团	董事长
84	封书阳	男	闪盟珠宝科技有限公司	总经理
85	王晓军	男	天亿投资(集团)有限公司	副总裁
86	杨蓬	男	北京众海投资有限公司	投资总监

6. 创新创业课程

学校依托经济管理学院等专业师资力量，开设了经济类、金融类、管理类、商务类系列创新创业课程。部分课程如表 5-10 所示。

表 5-10　学校开设的创新创业课程

开课院系	课程名称	任课教师
经济管理学院	电子商务	赵晶、江毅
经济管理学院	网络营销实战	江毅
经济管理学院	营销情景模拟训练	侯俊东、谢雄标
经济管理学院	企业经营模拟	刘家国
经济管理学院	市场营销学(全英)	刘家国
经济管理学院	人力资源管理(全英)	刘家国
经济管理学院	企业战略管理(全英)	陈莲芳
经济管理学院	服务营销与客户关系管理	段晓红
经济管理学院	国际市场营销	段晓红
经济管理学院	财务管理 A	汪长英
经济管理学院	管理学(全英)	余敬
经济管理学院	国际金融实务	白永亮
经济管理学院	信息系统战略与管理	朱镇
经济管理学院	管理学、领导与团队技巧	张京
经济管理学院	风险管理	刘伟
经济管理学院	商务谈判(全英)	杨贺盈
经济管理学院	营销渠道管理	谢雄标
经济管理学院	人力资源管理	刘宇清
经济管理学院	营销策划	侯俊东
经济管理学院	品牌管理	王晓川
艺术与传媒学院	服务设计与社会创新	刘军
机械与电子信息学院	机械工程硕士创新与创业	丁华锋
经济管理学院	创业指导与实战	郝义国

续表 5-10

开课院系	课程名称	任课教师
经济管理学院	创业管理	王柏轩
经济管理学院	创业管理学	李鹏飞
教育研究院	大学生创新创业能力培养	李祖超
经济管理学院	职业管理	仇华忠
就业指导处	研究生职业规划与就业指导	曾艺(主讲)
就业指导处	科技金融与创新创业	易明、姚琳
就业指导处	KAB大学生创业基础	张华、姚琳
就业指导处	SYB创业培训	校内外教师结合
地质资源环境工业技术研究院	大学生创新创业导论	徐沛歆等
就业指导处	大学生创业基础	张华、姚琳
经济管理学院	管理学科(专业)概论	严良
经济管理学院	创业导论	王柏轩
经济管理学院	创业管理(全英)	王柏轩
经济管理学院	创新管理	周国华
经济管理学院	资源品营销	周国华
经济管理学院	市场营销学	郭锐、熊艳、谢雄标、翟民
经济管理学院	技术创新与管理	宋凡
经济管理学院	技术创新的战略管理	宋凡
经济管理学院	经营战略及管理	马海燕
经济管理学院	企业战略管理	马海燕、曹献秋
经济管理学院	管理沟通	宋莉萍
经济管理学院	商务谈判	宋莉萍

第六章　课程思政建设

新工科建设是我国为了主动应对世界新一轮科技革命与产业变革新变化，支持服务国家创新驱动战略发展新需求而启动实施的。当前，我国新工科教育已经从理论走向实践，在深化高等工程教育改革中发挥着引领作用。课程思政建设是高校落实立德树人根本任务的战略举措，是打破高校思政课教育“孤岛”困境，“守好一段渠”“种好责任田”的现实需求。课程思政已成为高校深化铸魂育人、提高人才培养质量的关键抓手。地下工程专业方向近一半的课程是专业课程，80％的大学生认为对自己成长影响最深的是专业课和专业课教师，专业课程是课程思政建设的基本载体。因此，在新工科建设中协同推进专业课程思政建设，形成协同育人环境，实现“1＋1＞2”的叠加成效，不断提升卓越工程科技人才培养质量，促进新工科建设内涵式发展，是当前亟待研究和解决的重大课题。

第一节　新工科建设对专业课程思政建设的新需求

近年来，高校青年思想道德与个人素质的教育和培养受到国家高度重视。习近平总书记在多次会议中强调要加强对青少年价值观的培养工作，将课堂教学有效利用起来，形成专业知识与政治理论协同效应，引领高校教育改革新方向，开启思政教育建设新模式、新路径，搭建良好的“全方位育人”目标实现平台。新时代，党和国家需要专业技能过硬、思想道德高尚的社会主义接班人。而大学生正是成长中的一代，肩负着民族发展的伟大使命，正是在这样的大时代背景下，党和国家提出了课程思政这一新的教学理念，旨在助力中华民族伟大复兴的中国梦的实现。

1. 对课程思政建设提出了新需求

为深入贯彻落实习近平总书记关于课程思政的重要论述和指示精神，2020年5月，教育部颁布的《高等学校课程思政建设指导纲要》(简称《纲要》)明确提出：要紧紧抓住教师队伍“主力军”，课程建设“主战场”，课堂教学“主渠道”，要寓价值观引导于知识传授和能力培养之中，帮助学生塑造正确的世界观、人生观、价值观，实现育人与育才相统一，这是人才培养的应有之义，也是必备内容。课程思政具有教育体系上的协同育人，教育内容上的专业特色，教育方式上的隐性教育等特点（李亚奇等，2003）。

新工科建设是以立德树人为引领，以应对变化、塑造未来为建设理念，以继承与创新、交叉与融合、协调与共享为主要途径，着力培养能够适应未来新兴产业和新经济需要，胸怀科技报国理想，勇担民族复兴大任，共创人类美好未来的多元化、创新型卓越工程科技人才。新工科建设的本质在于“新”，体现了国家战略发展的新需求，世界产业技术革命的新变化，具有战略性、创新性、跨界性、发展性和交叉融合性等基本特征。由课程思政建设内涵和新工科建设各自的内涵可知，二者在建设过程中应相互融合，协同育人。为此，新工科建设对课程思政建设提出了新需求。

2. 对专业课程思政内容提出了新需求

课程思政不是思想政治教育和专业知识教育的简单叠加，而是强调有机融合、春风化雨、润物无声。精心设计专业课程思政元素和专业知识双融合的教学内容。一是弘扬爱国精神。将学科史、科技史教育融入教学内容，引导学生将个人发展的“小我”融入到祖国建设的“大我”之中，激发学生科技报国的家国情怀和使命担当。二是培养专业精神。聚焦国家重大战略需求，聚焦世界科技前沿，加快国家自主创新，注重工程伦理教育，激发学生立志行业专业加强关键核心技术攻关的骨气和志气。三是锻造创新精神。注重科学思维方法的训练和工程伦理教育，培养学生精益求精的大国工匠精神。四是培育实践精神。开展专业和社会实践，让学生了解专业行业的发展现状，激发学生的专业荣誉感和行业自豪感，引导学生扎根中国大地践行强国志。五是提升合作能力。新工科的交叉融合性需要具备不同学科背景和经历的人进行有效协同。通过系统有效的课程思政载体设计，引导学生学会沟通、对话和参与团队的工作，提升学生的团队合作能力（孟津竹等，2019）。

3. 对专业课程思政教学实施提出了新要求

新工科建设注重培养多元化创新型工程科技人才。结合新工科建设的特点，要系统构建思想政治教育与专业教育共同提升的实施体系。一是围绕专业育人目标，根据公共基础课程、专业教育课程、实践类课程等不同课程的特点，分类设计不同类型课程思政教学目标，确保各课程的思政教学目标都指向专业的育人目标;积极探索并逐步形成"课程门门有思政、教师人人讲育人"的环境。二是依据具体课程思政教学目标,深入挖掘课程思政教育教学资源和元素,提炼加工成思政图谱进入课程教案和课堂教学,使思政内容春风化雨、如盐在水。三是积极探索适合专业知识教育与思想政治教育相融合的教学模式,进一步完善启发式、研究式和案例式等多样化的教学方法。要注重课堂形式的多样性和话语传播的有效性,避免附加式、标签式的生硬说教。

4. 对专业课教师能力素质提出了新要求

新工科建设和课程思政建设对专业课教师的知识、能力素质提出了新要求。要锻造信仰坚定和业务精湛双强化的教师。一是要知识渊博、工作能力强。持续学习本学科专业相关的新兴、交叉和前沿学科的新知识、新技术,具备运用多学科知识、原理和方法应对与处理本学科专业未来问题的能力。二是要教学水平高、综合素质好。要熟悉现代工程教育新理念、新方法,具备工程教育教学研究能力和实践教学能力,要有敬业精神和职业道德,主动将自己的职业理想与国家的重大战略需要结合起来,在主动服务国家战略中实现人生价值,成为学生学习的榜样和典范。三是注重全程育人。课程思政不仅仅是在课堂、在教室,而是在课程教学方方面面。要充分利用线上与线下、课内与课外、理论与实践的教学时机,积极与学生联系,把脉学生的思想动态,帮助学生排忧解难。通过潜移默化的方式传递给学生正确的价值取向和道德观念。

5. 对专业课程思政教学评价提出了新诉求

专业课程思政教学评价离不开课程评价,要立足专业课程,探索构建以育人成效为导向的课程思政评价体系和方法,确保课程思政建设落地落实,见功见效。一是评价体系一体化设计。从课程思政评价的原则与模式、评价的体系与标准、评价的方法与主体和评价的结果与运用等方面进行一体化评价设计与构建。二是突出评价方法育人成效导向。以学生成长发展为核心,重点考察通过课程教学对坚定理想信念、培养社会责任和服务国家战略的实际效果。三是关注教师育人意识和育人能力的培养与提升。推进专业课程思政一体化建设,教师是关键,评价要关注教师育人意识的强化、育人能力的提升(罗立娜等,2021)。

第二节　专业课程思政一体化建设内涵

课程思政建设是一个系统工程。深入推进新工科背景下专业课程思政建设，要准确把握课程思政建设的内涵，从专业建设、课程建设、课堂建设、教师教学能力培养及评价激励政策制定等方面进行一体化设计与实施，实现育才与育人相统一，知识引领和价值引领相统一，显性教育和隐性教育相统一。正确理解专业课程思政一体化建设的内涵，应把握以下几点（徐丽娜等，2021）。

首先，一体化设计与分工。结合新工科专业的特点、思维方法和价值理念，系统设计专业的育人目标进入人才培养方案；然后分解设计公共基础课程、专业教育课程和实践类课程等各门课程的具体思政教学目标。明确院系、教研室和专业课教师各自的职责，使各类课程思政教育目标清晰，任务分工明确，与思想政治理论课同向同行、同频共振，形成协同效应。

其次，一体化组织与实施。依据具体课程的思政教学目标，制订课程思政建设计划。深入挖掘课程教育资源，梳理加工，形成课程思政的知识图谱，然后细化成各知识点融入课程教案。加强课堂教学设计，革新教学模式与方法，使思政元素有机融入课堂教学，使思政内容春风化雨、如盐在水，实现价值塑造、知识传授、能力培养有机融合。

最后，一体化评价与激励。从课程思政评价的原则与模式、评价的体系与标准、评价的方法与主体及评价的结果与运用等方面进行一体化评价设计与构建；并有效运用评价结果，激发教师进行课程思政建设的内动力；强化学生对课程所蕴含的价值引领的认同和践行，不断促进新工科建设的内涵式发展。

第三节　专业课程思政一体化建设的举措

从专业课程思政建设任务分工、指标体系构建、教师能力培养、开发教育教学资源、教学方法手段创新和考核评价体系构建等方面提出建设举措，供高校各院系参考和借鉴。

1. 分工明确与协同发力双配合，明确院系、教研室、专业课教师的职责

院系职责。成立和健全由院系领导担任组长、教研室领导、各课程负责人、辅导员参加的院系课程思政建设指导小组，从面上进行课程思政建设的指导与协调。其主要职责：一是制定完善制度机制。设计专业育人目标，制订专业课程思政建设实施方案，建立健全常态化教师培训机制，制定专业课程教学评价体系等制度机制，加强课程思政建设的系统性和规范性。二是示范引领课程思政建设。通过定期召开课程思政建设推进会，统筹部署相关工作，研究解决相关问题，广泛开展研讨交流和示范观摩，及时总结推广建设经验。三是加大经费支持力度，设置专项经费支持教师开展课程思政教育教学的研究与实践。

教研室职责。成立由教研室领导担任组长、各课程负责人参加的课程思政建设小组，在院系课程思政建设指导小组领导下开展工作，从线上进行各专业课程思政建设。一是依据专业育人目标，制定各课程思政教学目标；立足各专业课程特点，探究挖掘思政元素、如何挖掘思政元素的原则。二是继承和发扬教学组集体备课制度，共同研讨课程思政元素挖掘的方法，共同编写专业育人资源案例库，为专业课教师提供丰富的课程思政教育教学资源。三是安排教学经验丰富、学术上有一定造诣的教师，对青年教师课程思政建设能力进行“传帮带”。

专业课教师职责。成立由课程负责人和课程成员组成的专业课程教学团队，在教研室课程思政建设小组领导下开展工作，从点上开展具体课程的思政建设。一是设计课程思政元素挖掘框架，系统绘制专业课程思政元素知识图谱，深入挖掘课程思政教育资源，有机融入课程教学内容，编写进教案。二是探索开展形式多样的、适合课程特点的教学方法和手段，提高育人成效。三是提高专业课教学的高阶性、创新性和挑战度，培养学生解决复杂问题的能力和思维，通过潜移默化的方式传递给学生正确的价值取向和道德观念。

2. 思政教育与专业教育双提升，系统构建专业课程思政建设指标体系

基于以下几点系统构建专业课程思政建设指标体系。一是需求牵引、创新发展。始终把培养德才兼备的高素质、多元化、创新型卓越工程科技人才作为构建指标体系的出发点和落脚点，对接新工科建设对课程思政建设的新需求，着力解决专业课程思政建设目前存在的主要问题，积极探索将价值塑造、知识传授和能力培养融为一体的课程思政建设新路子，推动课程思政内容精准滴灌、入脑入心。二是顶层设计、系统构建。以新工科专业育人目标带动专业课程思政建设。加强顶层设计，从育人目标设计、课程团队培养、思政内容开发、课堂教学实施、教学效果评价、课程思政建设特色六个维度，系统构建专业课程思政建设指标体系。三是突出重点、质量为本。以新工科建设和课程思政建设协同育人为重点，优化课程思政建设内容，改进方法手段、建强教学团队，打造具有引领示范作用的课程思政建设精品课程。

3. 育人能力和精湛业务双培训，强化专业课教师育人意识和育人能力

多措并举强化专业课教师“主力军”的育人意识和育人能力。一是强培训。将课程思政建设能力培训纳入教师的岗前培训、在岗培训、师德师风和教学能力培训等全过程。通过定期开展专家讲座、专题研讨、教学交流、观摩示范和外出研修等培养培训活动,深化专业课教师对课程思政内涵的理解和认识,解决教师在开展课程思政过程中遇到的问题,增强实施课程思政的自觉性和责任感,使广大教师认真负责对待课程教学,循循善诱,耐心解答学生困惑,在课内课外展示自己的职业素养和敬业精神,这本身就是课程思政,这也是课程思政最基本的要求。二是重合作。继承和发扬教学团队集体备课制度,共同研讨课程思政元素挖掘的方法。共同编写专业课程思政资源案例库,对青年教师课程思政建设能力进行“传帮带”,使青年教师结合行业发展讲好中国赶超故事,结合国际比较讲好使命担当和理想信念,结合科研感悟讲好继承与创新。三是树表率。开展课程思政专项教学比赛、微课比赛,以赛促教、以赛促建;培育示范课程,总结推广经验,示范引领课程思政建设;设立专项经费支持教师开展课程思政建设重点、难点和前瞻性问题的研究与实践。

4. 上行路线和下行路线双复合,系统开发课程思政教育教学资源

专业课程教育教学资源体系开发需遵循“上行—下行”复合路线。一是结合专业育人目标,由深入挖掘上行至深入梳理。深入分析和发现各专业课程思政教育教学资源“矿藏”,系统梳理加工,绘制形成专业的思政教育知识图谱。二是由专业的思政教育知识图谱下行至各专业课程,协调分工,二次开发形成各专业课程的思想政治教育知识体系与图谱。三是依据各专业课程的思想政治教育知识图谱,根据教学计划和课程进度,将知识图谱分解细化为每次课的思政元素切入点,编写进教案、实施于课堂。需要强调的是,在挖掘课程思政教育教学资源时,要结合课程特点区分挖,思政课教师和专业课教师密切配合合作挖,多门专业课程相互配合系统挖。

5. 专业教学质量和思政教学质量双提升,创新课程教学方法手段

结合课程特点,积极探索适合专业知识教育与思想政治教育相融合的教学方法手段。一是思政内容有效融合。选用“画龙点睛式”“专题嵌入式”“隐性渗透式”等融合手段,推动专业教育“知识流”与思政教育“价值流”的双向融合。探索“科技国情法”“时事跟踪法”“发展对比法”“专业隐喻法”“学科典故法”“科研伦理法”“政策关联法”等策略,使思政元素有效融入课程教学全过程。二是手段创新多样。以学生为主体、教师为主导,改变高高在上的满堂灌、说教式的单向输出式教学手段,充分利用现代信息技术和手段,在课程教学中深化案例式、讨论式、探究式等双向互动式手段和情景化、故事化、可视化的讲述方式;同时注重课堂语言传播的有效性,协调好“专业知识术语”与“生活化语言”“教师话语”与“学生话语”的互通关系,使思政教育不仅入眼入耳,而且入脑入心。三是课内课外处处思政。课程思政不仅仅在课堂、教室,而是体现在课内与课外的方方面面,认真对待每一次课堂,认真批改每一次作业,认真释疑学生的每一次困惑,积极帮助学生排忧解难,这本身就是通过教师的言传身教和表率作用开展课程思政。

6. 教师评价和学生评价双协同,构建教学效果考核评价体系

《纲要》指出:人才培养效果是课程思政建设评价的首要标准。因此,课程思政评价离不开课程评价,要立足专业课程,从教的视角和学的视角两个维度考核评价教学效果。一是选模式。考核评价的目的不仅是以现有的状态来奖惩教师和学生,而是帮助教师进行教学反思和改进,从而促进学生政治素养的提高。因此,课程思政教学效果评价应以发展性评价和奖惩性评价相结合,充分发挥发展性评价的导向、引领和拉动作用,合理发挥奖惩性评价的激励、约束和推动作用,使二者有机结合,兼顾互补。二是研标准。考核评价标准凸显课程的建设性、形成性和发展性,设置课程思政教学目标、思政内容、实施方法、教学效果、反思改进等监测点和导向要求。三是评教师。采用专业课教师自评、学生测评、同行点评的方式,对教师的师德师风、课程思政教学理念、方法、手段及实施效果进行评价,帮助教师对教学过程进行反思和改进。四是评学生。立足学生的情感、态度、价值观,采用学生自评、专业课教师和辅导员综合评价的方式。评价要关注学生纵向的自我发展,减少横向比较;注重定性评价而非定量评价;注重过程性评价而非结果性评价;注重描述性评价而非区分性评价。五是给建议。对教师和学生进行考核评价的目的不是甄别,而是改进,是为了促进教师教学水平的提升,促进学生德智体美劳全面发展。通过“评价—反思—改进”的路线,推动教师育人意识和育人能力的不断提升;增加学生对课程所蕴含的价值引领的体验感、认同感与获得感。因此,对教师和学生的考核评价结果包括以下内容:给出具有诊断性的“你现在在哪里”的位置排序模糊区域;指出具有导向性的“你可以到哪里去”的短期和长期发展目标;提出具有教育性的“你如何到达哪里去”的建议和措施。此外,为了激发教师的内动力和积极性,可将教师参与课程思政建设情况和教学成果作为教师考核评价、评优奖励及选拔培训的重要依据之一。

综上,高校应深入挖掘地下工程专业课程思政教育资源和元素,在知识传授中融入思政教育元素,加强学生的思政教育,提高学生的道德修养和思想觉悟,将思政元素融入教学各环节，提高学生的学习积极性和主动性，促进教学质量提升，实现立德树人的目标。

第四节 专业课程思政教学案例

一、《城市地下空间规划及利用》课程思政教学案例

1. 课程思政融入的元素

针对课程教学目标的改革，遵循课程本身的教学内容及特点，融入思政教育、弘扬传统美德、培养优良品德，从以下几个方面着手。

1)弘扬爱国主义

爱国主义是中华民族的光荣传统，中华儿女一直高举爱国的旗帜，这也是大学生的正确价值观。从古至今，中国的地下空间开发不断发展进步：第一次工业革命以前，中国作为四大文明古国之一，地下空间的开发利用规模和水平处于世界的前列；溪洛渡地下电站是目前世界已建最大规模的地下洞室群，金沙江两岸的地下厂房洞室群，无论是洞室数量还是尺寸，均为世界之最。这些都是国人的骄傲、工程人的骄傲，作为学习课程的教师和学生无不产生了强烈的民族自豪感。

2)提高职业素养

提高学生的职业素养能够帮助学生在工作岗位更游刃有余，职业素养是整个专业的灵魂思想。作为未来的地下工程建设者，在具备专业知识的同时，还需要具备一丝不苟的工匠精神、敬业精神和团结协作的能力，否则会产生质量问题，带来严重的后果。

3)养成良好品格

(1)讲诚信：在工程中要特别注重质量，这也是合同中不可缺少的条款，如果工程人不诚信，带来的不仅仅是钱财的损失，更深刻的将会是生命的代价。

(2)吃苦耐劳：地下工程的工作环境尤其艰苦，在工程中承担开拓者的作用，所以在授课过程中就要让学生知道：地下工程建设者需要在酷暑严寒的环境、在远离家乡的地方工作，哪里有工程，我们就在哪里。

(3)良好习惯：学生在课程中会出现迟到、早退、迟交作业等很多问题，需时刻督促学生的学习和操作习惯，培养良好的职业能力。

4)增强法律意识

课程涉及诸多设计规范,如地铁设计规范、地下停车场设计规范和城市综合管廊工程设计规范等。在课堂教学中,教育学生,作为地下工程建设者,无论设计和施工,都需要严格遵守规范法规。

2. 具体做法

将爱国主义、职业素养、良好品格和法律意识贯穿到地下空间规划及利用课程的学习中,提升思政教育的融合度和价值导向,如表6-1所示。

表6-1 地下空间规划及利用课程思政教学目标及课程思政融入点

课程思政教学目标	思政融入点	思政融合的成效
爱国主义 吃苦耐劳 讲诚信	讲述地下空间发展史,越来越多举世瞩目的地下空间工程诞生,用于城市交通、市政管线、地下商业等	激发学生的民族自豪感,树立建设地下工程的志向,培养报效祖国的热情,树立为国奉献的精神
工匠精神 敬业精神 讲诚信 吃苦耐劳	①工程事故案例分析; ②实践活动:参与地下空间规划认识实习、地下空间规划与设计调研、地下空间规划课程设计、毕业实习阶段等部分。感受可能遇到的暴雨、严寒和酷暑等多变的工作环境	①工程建设者需要一丝不苟的完成工程的每一个环节,以免出现意外,后果不堪设想; ②养成克服困难、吃苦耐劳的精神,学会积极面对问题
团结协作 敬业精神 工匠精神	①实践活动:参与大学生创新创业训练和全国地下空间创新大赛,学生动手完成制作; ②团队活动:针对重要课程内容进行小组讨论、汇报、解答,并形成报告	①吸引学生参与科研工作,增强学生认知和开展工作的能力; ②培养学生动手操作、互帮互助意识,懂得团队协作的重要性,体验职业的荣誉感

续表 6-1

课程思政教学目标	思政融入点	思政融合的成效
良好习惯 讲诚信 工匠精神	①制定课程评定标准;②高标准要求案例分析;③制定实验相关要求;④制定标准和要求	在高标准的要求下完成作业,养成精益求精的职业精神,保持良好的职业行为能力
法律意识	按照规范要求进行课程设计	具备法律意识,在遵守法律法规的基础上进行课程设计

3. 教学方法的思政改革

(1)思政改革贯穿教学全过程。课程思政的平台不仅在课堂,还扩展到课前和课后的每一个环节。课前针对课程内容给学生设计相关问题,学生通过收集资料、分析问题和总结汇报来提升能力、认知及社会主义核心价值观。课中通过雨课堂,形成翻转课堂,通过小组讨论、辩论,小组报告的形式来激发学生的头脑风暴,如针对案例展开分析,教师也能更深入地了解学生的思想动态。课后教师辅助指导,加深思想教育与专业的融合,及时帮助学生处理相关问题。

(2)思政改革由理论知识向实践转变。《城市地下空间规划及利用》是理论与实践相结合的课程,授课时明确理论知识的实践作用,让学生带着问题学习理论、通过地下空间规划认识实习、地下空间规划与设计、地下空间规划课程设计、毕业实习阶段等过程,把理论运用到实践中去,用理论来指导实践、学以致用,在应用的过程中教师对学生实践进行价值取向的引领,将课堂思政转向实践思政。

(3)思政改革由"闭门造车"向"以赛代练"转变。对学生的培养方式向科研方向转变,组织学生的科研小组,由老师指导,进行理论研究软件开发和模型实验等工作,通过大学生创新创业训练和全国城市地下空间工程专业大学生模型设计竞赛等形式来实现,增强学生开展工作的能力,在高强度的赛前训练中培养学生吃苦耐劳、团结协作和敬业的精神,在紧张的比赛中锻炼学生的工匠精神、敬业精神,使他们通过团结协作体会到深刻的集体荣誉感。

二、《地下建筑结构》课程思政教学案例

1. 引入思政元素,优化知识体系

《地下建筑结构》课程教学内容既具有实用性,又能紧跟学科前沿,近几年,

在国家新工科研究与实践项目,国家级一流本科专业等支持下,课程教学组积极探索改革路径,引入思政元素,改进教学内容,在夯实课程基础知识、提高专业学习兴趣的基础上,重新梳理了实践教学环节,使学生创新能力、家国情怀与工匠精神共同发展。

基于课程内容的特点,把我国专家学者的重要工作引入课程,对知识体系进行了优化。

(1)基础理论与学科前沿结合,并突出我国专家学者,特别是学校在此方面的特色与优势。授课中,注意知识内容的历史发展过程由浅入深,进而增加当代基础理论的国内外成果。此外,地质工程为学校国家重点学科,土木工程为国家一流本科专业,焦玉勇教授、陈建平教授、周传波教授、吴立教授、罗学东教授等在工程理论,实践应用方面取得丰硕成果,使学科前沿能更好呈现。同时,提升学生自豪感与家国情怀。

(2)理论联系实践,突出实用性。教学内容中涉及的施工工艺由实例,经归纳理论,再到实践中,我国地下工程发展迅速工程实践内容丰富,工程技术人才水平高,"大国工匠"校友等工程师为我国地下工程建设做出了突出贡献,激发学生爱国情怀,培养一丝不苟、精益求精的工匠精神。

(3)开展课程实验,重视创新思维能力培养。教学中,设计课程实验,鼓励学生创新自主实验,为学生创新思维提供坚实基础。

(4)加强职业道德建设,提升专业责任感。道德教育是国家发展中最为关注的事情之一,城市地下工程授课过程中,非常注重道德建设,在讲授施工与工艺的章节时,通过案例教学,使学生明白工作中态度不正、职业道德意识淡薄等极易引起工程事故,从而养成正直、守信、负责的良好品德。

2. 构建课程实践教学内容,增加思政教学质量深度

学校强调研究型本科教育理念为先导的本科教育教学体系,注重学生实践与创新能力的培养。《地下建筑结构》课程实践教学环节,主要依托地下工程实验室平台,组织学生积极参加创新性实验,使本科生进实验室制度化与常态化。

3. 注重课下交流,扩展思政教学质量广度

课程应用性强、知识内容多。为扎实理论基础,提升学生应用能力,课下交流十分重要。首先,定期和学生在实验室和实习基地进行参观学习;然后,提出问题,组织学生分组讨论;最后,理论联系实际,获得相应结论。通过课下交流,加深学生对新知识的理解,也使得学生沟通协作能力得以提升。

三、地质与专业认识实习(秭归)课程思政教学案例

1. 地下建筑工程方向专业认识实习介绍

专业认识实习是土木工程专业教学计划中的重要组成部分,对实现专业培养目标起着重要作用,也是一次重要的感性认识,为学生专业课程的学习及毕业后走向工作岗位尽快成为业务骨干打下良好基础。中国地质大学(武汉)土木工程专业地下建筑工程方向的专业认识实习包括地质与专业认识实习(秭归)和专业认识实习(武汉)两部分。其中地质与专业认识实习为期3周,共计3个学分,实习地点为中国地质大学(武汉)三峡秭归产学研基地。

1)课程内容

为了达到教学实习的目的,结合专业人才培养目标和我校特色,将课程内容划分为地质、工程地质和工程3个板块(李雪平等,2014)。

(1)地质认识实习方面。结合野外典型地质与构造情况,熟悉、了解野外地质工作的基本方法,巩固、加深对地质构造的认识;掌握地层岩性、地质构造类型的划分方法;能简单描述和分析一些地质、地貌单元。

(2)工程地质认识实习方面。应用地质学知识,结合典型地质工程实例,熟悉各类工程场地的工程地质条件,能分析存在的主要工程地质问题;能对具体工程提出合理的工程建设或工程治理要求与措施。

(3)各类土木工程观察认识实习方面。通过观察各类土木建设、治理工程(桥梁、隧道、港口码头、大坝、库岸、滑坡、边坡、民用建筑等工程),熟悉和了解各类建筑物的结构特点、布置要求,重点认识桥梁、隧道、边坡、滑坡工程的建设特点,初步了解其设计与施工方法。

2)课程教学目标

(1)通过对野外地质现象的认识实习,培养学生观察、认识、描述、分析等地质感性认识与思维能力。

(2)结合土木工程导论、地质学等有关知识,通过对水文地质现象、工程地质现象、水利枢纽工程、隧道工程、桥梁工程、地质灾害治理工程实例的观察和认识,培养学生对土木工程的理性与感性认识,增强学生的专业认识与思维能力。

(3)培养学生通过调研、查阅文献获取信息的能力。

(4)培养学生撰写报告的能力。

2. 实现课程思政目标的路径探索

为了达成在实现课程教学目标的基础上，同时实现课程思政目标，课题组进行了如下探索。

1)修订实习教学大纲

结合实习内容，修订实习教学大纲，其中课程思政目标设计如下：①围绕大国工程课程思政元素，让学生了解我国自强不息、拼搏进取的民族精神，激发学生作为国家未来建设者的自信心、自豪感。②围绕实习的工程内容，引导学生树立“环境与人类共存，开发与保护同步”的思想，培养工程人的职业素养和工程伦理观念。③组织学生参观实习区的历史遗迹、红色景点，开展爱国主义教育。

围绕课程教学目标，设计了室内讲课、野外路线、讲座和参观等方式。在课程内容的基础上，将课程思政内容融入教学内容(表 6-1)。

表 6-1　地下建筑工程方向地质与专业认识实习课程思政融入点

序次	教学内容	教学形式	课程思政融入点
1	实习区地质背景介绍	室内讲课	地质板块：学习先辈们不畏艰险、勇于探索的奉献精神
2	兰陵溪—肖家湾黄陵岩体、崆岭群、震旦系—寒武系地层观察	野外路线	
3	泗溪第四系地质地貌观察	野外路线	
4	仙女山断裂—九畹溪断裂观察	野外路线	
5	地质灾害及治理背景知识介绍	室内讲课	工程地质板块：通过地质灾害的诱发机理、监测预报和治理工程的实习，树立“环境与人类共存，开发与保护同步”的思想，培养工程人的职业素养和工程伦理观念
6	链子崖危岩体—新滩滑坡观察	野外路线	
7	郭家坝地质灾害及防治工程观察	野外路线	
8	高家溪岩溶水文地质观察 危岩体治理工程观察	野外路线	
9	千将坪滑坡—福禄溪泥石流沟观察	野外路线	

续表 6-1

序次	教学内容	教学形式	课程思政融入点
10	土木工程背景知识介绍	室内讲课	工程板块:了解我国土木工程的水平,体会工程人的责任和担当,培养专业兴趣和家国情怀,增强民族认同感
11	三峡大坝观察	野外路线	
12	隧道工程观察	野外路线	
13	桥梁工程观察	野外路线	
14	库岸与边坡防护工程观察	野外路线	
15	秭归文化讲座	讲座	弘扬中华优秀传统文化,继承和发扬爱国主义精神
16	屈原故里景点参观	参观	

2)课程思政资源挖掘

(1)三峡工程课程思政元素挖掘。①三峡工程兴建的历史。三峡工程从1919年孙中山先生首次提出建设构想,到2003年首批机组正式并网发电,历时84年。在孙中山先生提出建设三峡工程构想的年代,由于当时复杂的环境,开发三峡、治理长江之梦难以企及。中华人民共和国成立后,三峡工程受到了党中央的高度重视。1986—1989年,国务院组织412位专家对三峡工程全面论证。大多数专家认为建设三峡工程技术上可行、经济上合理。1992年4月,七届全国人大五次会议通过了《关于兴建三峡工程的决议》。②三峡工程大坝选址的历史。1955年,地质工作者在大坝选址之初,从三峡出口南津关到石牌的13km河段中初选了5个坝段,统称为南津关石灰岩坝区;从莲沱到美人沱25km河段中初选了10个坝段,统称为美人沱花岗岩坝区。对15个坝段进行勘察后,优选出南津关坝区的南津关坝段和美人沱坝区的三斗坪坝段进行深入的勘察工作。1959年,初步将美人沱花岗岩坝区定为三峡工程坝址。1979年最终选定三斗坪为三峡工程拦江大坝的坝址。③三峡工程建设历程。1994年12月14日,三峡工程正式开工。1997年,大江截流成功。2003年,如期实现蓄水135m、船闸试通航、首批机组发电的三大目标。2006年,三峡大坝全线达到海拔185m高程。2008年,三峡工程开始175m试验性蓄水。2012年,三峡工程地下电站全部投产发电。2016年,三峡水利枢纽升船机进入试通航阶段。2019年,升船机工程完成通航及竣工验收。2020 年,完成整体竣工验收全部程序。

三峡工程从 1919 年提出设想,到 2020 年整体竣工验收,经历了一个世纪。这项靠工程人的辛勤劳动、自力更生创造出来的世纪工程,使几代中国人开发和利用三峡资源的梦想变为现实,成为改革开放以来我国发展的重要标志。

实习教学团队在收集以上资料的基础上,制作成 PPT 课件,在课件结尾时提出 3 个问题:①三峡工程的利弊有哪些?②三峡工程的兴建历史也是中国近现代史的缩影,从 1919 年提出设想,到 2003 年建成发电,经历 80 多年,从历史、经济、技术等方面分析三峡工程。③根据三峡工程选址历史和建设历史,作为当代大学学生和工程人,你的体会是什么?

PPT 课件放在实习群里供学生反复观看,要求分小组讨论以上问题,要求每个学生在实习报告中写出体会。

(2)桥梁设计和施工技术课程思政元素挖掘。①西陵长江大桥。西陵长江大桥是长江上的第一座悬索桥,位于实习区东边,为实习野外考察内容。大桥为单跨双铰式全焊钢筋加劲梁悬索桥,单跨 900m,被誉为"神州第一跨"。1996 年刚建成时,其跨度在同类型桥梁中居国内第一、世界第七。大桥的设计及施工工艺水平均代表了当时世界上大跨度桥梁的发展方向,其中的许多技术填补了中国桥梁建设领域的空白,许多单项施工工艺也是对中国桥梁整体工艺水平的一种考验和促进。该桥的成功建成,带动中国的桥梁建设水平进入一个新时代。②秭归长江大桥。秭归长江大桥位于郭家坝,是三峡后续规划项目和库区移民重大民生工程,也是实习的野外考察内容。大桥于 2015 年动工,2019 年 9 月通车,是当时世界最大跨度钢箱桁架推力拱桥,其采用的扣挂体系与缆索吊机规模在国内领先。

通过对西陵长江大桥、秭归长江大桥的实地考察和讲解,室内讲解桥梁设计和施工技术的发展以及我国桥梁设计和施工技术在世界土木工程界的地位,让学生了解我国土木工程的水平和进展,体会工程人的责任和担当,培养专业兴趣和家国情怀,增强民族认同感。

(3)工程和地质环境之间矛盾的解决。吕家坪隧道位于宜昌市秭归县 G348 上,隧道采用单洞双向行车两车道,全长 1824m,为实习野外考察内容。距隧道 290m 的北面为长江三峡重大地质灾害体——链子崖危岩体。教师在野外现场观察中提出问题,如吕家坪隧道选线和施工建设对链子崖危岩体的稳定性影响有哪些?小组讨论后由每组代表发言,教师最后给出施工过程中采取的安全保证措施(杨建成等,2003)。通过学习,让学生了解在地质环境复杂、脆弱的地区如何解决工程和地质环境之间的矛盾问题,培养工程伦理的观念。

(4)地质灾害诱发因素分析、监测、治理技术课程思政元素挖掘。实习区地质灾害多,诱发因素各不相同。地质灾害监测成功实例多、治理工程典型,能提供非常直观的感性认识。鉴于能够直接到点观察,课题组以千将坪滑坡和棺材山危岩体为课程思政的案例。①千将坪滑坡。千将坪滑坡位于长江南岸支流青干河左岸、秭归县沙镇溪镇千将坪村的斜坡上,为野外实习考察内容。滑坡前缘高程100m左右,后缘高程450m,体积2400万~3000万m^3,为特大型、顺层强风化岩质滑坡。该滑坡为群测群防监测点。由于成功预报,最大限度地减少了人员伤亡和财产损失。通过现场调查及综合分析实际资料,滑坡诱发的主要因素为三峡库区二期蓄水导致的水位抬高,辅助因素为雨季强降水。②棺材山危岩体。棺材山危岩体位于宜昌市夷陵区三斗坪镇棺材山,危岩体三面临空,体积为14万m^3,直接威胁坡下369户居民1470人的生命及财产安全。危岩体形成的诱发因素是当地村民将大冶组第四段(T_1dy^4)的碳质页岩、碳质泥岩当成煤开挖。治理工程为在采空区外侧浇筑钢筋混凝土支撑墙,内侧浇筑混凝土柱对顶板进行支撑,辅以水泥喷浆与排水沟。

通过地质灾害发生机理的分析与讨论,引导学生树立"环境与人类共存,开发与保护同步"的思想;通过地质灾害监测预报和治理工程的实地考察,培养学生工程人的职业素养和工程伦理观念。

(5)历史遗迹课程思政元素挖掘。学院每年邀请秭归县委党校的郑承志教授给实习的学生作报告。报告内容包括秭归的介绍、屈原的生平、端午文化节的来历和习俗等。报告着重对屈原的爱国主义精神进行详细的阐述和全方位的解读。屈原祠位于秭归县凤凰山,屈原祠以屈原文化为统领,是三峡库区物质文化遗产和非物质文化遗产保护利用充分结合的重点区域。通过组织学生聆听报告和参观屈原祠,让学生了解屈原精神的精髓,弘扬中华优秀传统文化,继承和发扬爱国主义精神。

3)提升实习带队教师课程思政建设的意识和能力

《高等学校课程思政建设指导纲要》指出,全面推进课程思政建设,教师是关键。要推动广大教师进一步强化育人意识,找准育人角度,提升育人能力,确保课程思政建设落地落实、见功见效。课程思政以专业课教学活动为基础,因而教师自身的教学能力至关重要。推进课程思政建设,需要教师改变以往的教育观、教学观、育人观，在课程教学中增加价值的维度、育人的理念，拓展价值教育的本领和能力。

4)实习过程、全程课程思政内容管理

地下建筑工程方向的地质与专业认识实习时间为 3 周，教师备课时间为 1.5 周，故带队教师在实习站的时间共计 4.5 周。备课期间，除实习讲课和实习路线准备外，带队教师深入挖掘课程思政资源。实习期间，教师定期交流教学目标和课程思政目标的达成情况、需要改进之处。实习结束后，教师开展实习目标达成度调查、并进行实习总结(包括实习计划的执行情况、质量分析、经验体会、存在的问题、解决措施、意见建议等)。

主要参考文献

李雪平，周小勇，左昌群. 秭归产学研基地野外实践教学教程：土木工程分册[M]. 武汉：中国地质大学出版社，2014.

李亚奇，汪 波，王新军，等. 新工科背景下推进专业课程思政一体化建设研究，高教学刊，2023(3)：29-32，36.

罗立娜，宋绮婷. “隧道与地下工程”课程思政改革探索与实践，教育教学论坛，2021，33(8)：129-132.

孟津竹，任大林，王军祥，等. 工程课程思政教学改革探索——以《地下空间规划与设计》课程为例，教育现代化，2019，6(27)：40-42，47.

徐丽娜，牛雷. 土木工程专业课程思政现状及实效性提升路径探讨——以《地下工程灾害与防护》为例，水利与建筑工程学报，2021，19(4)：205-209.

杨建成，许国庆，杨昌斌. 链子崖下开挖吕家坪隧道的安全影响因素分析[J]. 岩土工程界，2003(8)：77-79.

第七章 师资队伍建设

教育部启动新工科教育改革战略计划以解决新科技革命、新产业革命、新经济背景下工程教育改革的重大问题，探索实施工程教育人才培养的"新模式"。师资队伍是新工科专业建设和人才培养的关键与核心，是新工科建设的有力保障。

第一节 新工科对老师的新要求

1. "好老师"的四条标准

2014年9月9日，在第三十个教师节来临之际，习近平总书记在同北京师范大学师生代表进行座谈时强调，一个人遇到好老师是人生的幸运，一个学校拥有好老师是学校的光荣，一个民族源源不断涌现出一批又一批好老师则是民族的希望。习近平总书记说，每个人心目中都有自己好老师的形象；做好老师，是每一个老师应该认真思考和探索的问题，也是每一个老师的理想和追求，好老师没有统一的模式，可以各有千秋、各显身手，但有一些共同的、必不可少的特质。习近平总书记提出了"好老师"的四条标准。

(1)做好老师，要有理想信念。广大教师要始终同党和人民站在一起，自觉做中国特色社会主义的坚定信仰者和忠实实践者，忠诚于党和人民的教育事业。要用好课堂讲坛，用好校园阵地，用自己的行动倡导社会主义核心价值观，用自己的学识、阅历、经验点燃学生对真善美的向往。

(2)做好老师，要有道德情操。老师对学生的影响，离不开老师的学识和能力，更离不开老师为人处世、于国于民、于公于私所持的价值观。老师是学生道德修养的镜子。好老师应该取法乎上、见贤思齐，不断提高道德修养，提升人格品质，并把正确的道德观传授给学生。

(3)做好老师，要有扎实学识。扎实的知识功底、过硬的教学能力、勤勉的教学态度、科学的教学方法是老师的基本素质，其中知识是根本基础。好老师还应该是智慧型的老师，具备学习、处世、生活、育人的智慧，能够在各个方面给学生以帮助和指导。

(4)做好老师，要有仁爱之心。爱是教育的灵魂，没有爱就没有教育。好老师要用爱培育爱、激发爱、传播爱，通过真情、真心、真诚拉近同学生的距离，滋润学生的心田。好老师应该把自己的温暖和情感倾注到每一个学生身上，用欣赏增强学生的信心，用信任树立学生的自尊，让每一个学生都健康成长，让每一个学生都享受成功的喜悦。

2.《新时代高校教师职业行为十项准则》

2018年11月16日，为深入贯彻习近平新时代中国特色社会主义思想和党的十九大精神，深入贯彻落实全国教育大会精神，扎实推进《中共中央、国务院关于全面深化新时代教师队伍建设改革的意见》的实施，进一步加强师德师风建设，教育部研究制定了《新时代高校教师职业行为十项准则》《新时代中小学教师职业行为十项准则》《新时代幼儿园教师职业行为十项准则》。高校教师职业行为十项准则内容如下。

(1)坚定政治方向。坚持以习近平新时代中国特色社会主义思想为指导，拥护中国共产党的领导，贯彻党的教育方针；不得在教育教学活动中及其他场合有损害党中央权威、违背党的路线方针政策的言行。

(2)自觉爱国守法。忠于祖国，忠于人民，恪守宪法原则，遵守法律法规，依法履行教师职责；不得损害国家利益、社会公共利益，或违背社会公序良俗。

(3)传播优秀文化。带头践行社会主义核心价值观，弘扬真善美，传递正能量；不得通过课堂、论坛、讲座、信息网络及其他渠道发表、转发错误观点，或编造散布虚假信息、不良信息。

(4)潜心教书育人。落实立德树人根本任务，遵循教育规律和学生成长规律，因材施教，教学相长；不得违反教学纪律，敷衍教学，或擅自从事影响教育教学本职工作的兼职兼薪行为。

(5)关心爱护学生。严慈相济，诲人不倦，真心关爱学生，严格要求学生，做学生良师益友；不得要求学生从事与教学、科研、社会服务无关的事宜。

(6)坚持言行雅正。为人师表，以身作则，举止文明，作风正派，自重自爱；不得与学生发生任何不正当关系，严禁任何形式的猥亵、性骚扰行为。

(7)遵守学术规范。严谨治学，力戒浮躁，潜心问道，勇于探索，坚守学术良知，反对学术不端；不得抄袭剽窃、篡改侵吞他人学术成果，或滥用学术资源和学术影响。

(8)秉持公平诚信。坚持原则,处事公道,光明磊落,为人正直;不得在招生、考试、推优、保研、就业及绩效考核、岗位聘用、职称评聘、评优评奖等工作中徇私舞弊、弄虚作假。

(9)坚守廉洁自律。严于律己,清廉从教;不得索要、收受学生及家长财物,不得参加由学生及家长付费的宴请、旅游、娱乐休闲等活动,或利用家长资源牟取私利。

(10)积极奉献社会。履行社会责任,贡献聪明才智,树立正确义利观;不得假公济私,擅自利用学校名义或校名、校徽、专利、场所等资源谋取个人利益。

3. 新工科对教师的新要求

教育部2017年下发的《关于开展新工科研究与实践的通知》中指出:“工科优势高校要发挥自身与行业产业紧密联系的优势,面向当前和未来产业发展急需,推动现有工科的交叉复合、工科与其他学科的交叉融合。”学科交叉融合对复合型人才的培养提出了更高的要求,也对培养人才的高校教师的知识、工程经历、工程能力、教学水平、综合素质等方面提出了新的要求(李亚奇等,2019)。

(1)知识渊博。需要教师持续学习和不断培训,不仅要继续深造学习本学科专业的相关知识,还要学习与本学科专业相关的新兴、交叉和前沿学科的知识,以及持续关注与本学科专业领域相关的新技术、新产业的出现和发展。

(2)工程经历丰富。工程教师不仅要有产业界或企业代职经历甚至是工作经历,还要持续与其保持密切合作,了解新技术的发展和先进工程设备的使用,掌握应对和处理新产业问题的有效方式,积累解决各类工程前沿问题的经验。

(3)工程能力强。教师不仅要具备本学科领域的设计开发、技术创新和科学研究能力,还要具备运用多学科知识、原理和方法解决复杂工程问题的能力,以及应对与处理本学科专业未来问题的能力。

(4)教学水平高。教师不仅要熟悉现代工程教育新理念、新方法,具备工程教育教学研究能力和实践教学能力,还要将“互联网+”平台和信息技术等创新应用到教学中,开展“线下”和“线上”混合式教学、“实装训练”和“虚拟仿真”互补式实践,不断提高教学质量和效益。

(5)综合素质好。教师不仅要有科学态度、敬业精神和职业道德,还要主动将自己的职业理想、职业行为与国家的前途命运、重大战略需要结合起来,在主动服务国家战略中实现人生价值,成为学生学习的榜样和典范。

如果说“好老师”的四条标准对做好一个老师提出了共同的、必不可少的特质,《新时代高校教师职业行为十项准则》明确了老师的师德底线,新工科则对老师提出了老师自身就是复合型人才的更高要求。新工科要求老师拥有精湛的专业知识,能将学科知识融会贯通、联网成片;更要拥有高超的育人水平,能将教法、技术、知识、信息联动融合;还要严爱相济、润己泽人,树人以大志、启人以大智、引人以大道、育人以大爱。

面对新工科对教师的新要求,目前高校教师也存在亟待提升的不足之处(白红伟,2020)。

(1)知识结构有待优化。与传统工科教育相比,面向新产业需求的“新工科”通常都是由工程学科与其他学科交叉融合而产生的,更强调多学科间的深度交叉融合性和前沿技术的引领性,这就要求打破现有的学科边界和专业分工限制,构建全新的专业知识体系。然而,由于工科培养体系从本科、硕士到博士阶段的学习基本都是在同一个学科门类划分很细的小专业完成的,接受的是单专业的基础教育和学术训练,参与的科研项目又以理论研究为主,缺乏跨学科专业学习和研究的经历,教师们精通小专业的基础知识和相关领域的研究进展,从“新工科”的背景来看,教师们的学科视野太狭窄、掌握的知识结构存在过于专业化和碎片化等问题,不仅无法灵活运用多学科的知识来完成技术和产品的创新与创造,而且对工程设计方面的基础知识知之甚少,最终导致其“大工程观”意识不强,不利于通过言传身教来培养学生解决复杂工程问题的能力,难以胜任“新工科”的教学工作。

(2)缺少工程实践能力。在工科教师队伍中,大多数人接受的是传统“科学范式”或“技术范式”的工科教育,这种重理论轻实践的教育特点虽然使他们掌握了较为扎实的专业理论知识和较高的科研水平,但同时也使其工程实践经历极其欠缺,对工业产品的研发、设计、生产等环节都很不熟悉。即使在求学期间通过工程训练、工厂认识实习等环节经历过一些实践训练,也可能因经费、安全、硬件平台等条件所限而流于形式,几乎没有经历过扎扎实实的实训;另外,很多老师在参加工作后不得不将主要精力投入到繁重的学术研究工作中,大多数时间都忙于撰写项目申请书、指导学生课题、发表论文、申报专利、完成项目总结等科研事务,没有积极性去企业参加工程素质培训和锻炼,同时高校也缺乏强有力的教师工程实践能力培养机制和激励措施,很少为青年教师搭建挂职锻炼、产学研合作等高水平的工程实践平台,导致青年教师的工程实践能力弱的问题难以得到有效解决，其对专业领域相关企业的工程技术发展状况和技术需求的了解很少，无法通过理论与实践的有机结合来对学生的工程实践环节进行有效的指导。此外，“新工科”还特别注重工程实践的实用性和先进性，强调要以科技和产业发展的最新成果来保障高质量人才的培养，这对教师工程素质的水平和实践经验的更新提出了更高的要求。因此，着力提升教师的工程实践能力对培养以“工程为主体性”的“新工科”人才具有重要意义。

(3)工程教育能力亟须提高。作为现代化的高等工程教育，“新工科”是以产业需求为导向、以工程实践能力培养为核心的教育，重点突出理论与实践并重。但注重实践并不等于简单削减理论课程、增加实践课程，而是要在课程模块设计上由科学技术导向的课程设置转变为工程导向的课程体系，这就要求教师在“新工科”教学过程中尽可能地将工程实际背景融入理论课程中，进而有效培养学生解决复杂工程问题的能力。然而，我国高校过去的工科教育普遍存在重理论分析、轻工程实践的问题，专业培养又遵循专而精的培养模式，造成很多教师的工程实践能力落后于工程实际，工程素质不能满足工程教学需要，因此其工程教育意识淡薄，在教学环节很难结合工程实践问题来讲授理论基础知识，这严重影响了工程教育质量。此外，由于高校教师大多都不是从师范院校科班出身，并且在毕业后又几乎没有经过系统的教学能力培训，其教学经验欠缺、教学方法不熟练，不善于根据“新工科”专业的特点和要求实施案例式和项目式教学，工程教育能力亟须提高。

(4)存在重科研、轻教学的现象。近20年来，国内高校为提高社会知名度，获得更多的办学资源，吸引更优质的生源，被迫迎合各类高校排名体系中的指标，鼓励教师把科研当主业。在教师业绩考核条例中，往往重奖见效快、可量化的国家省市级项目、SCI论文、专利等各类科研成果，忽视见效慢、量化难的教学工作。在这种机制的指引下，大部分中青年教师被迫紧盯各类纵向课题，把发表高层次论文当成主要目标(潘永雄等，2021)。

(5)企业兼职教师数量不足。新工科建设需要搭建起学校和企业之间的桥梁，让一部分有丰富工程产业经验和产业项目能力的企业工程师兼任教育教学工作，以解决兼职教师数量不足的问题，同时让企业兼职教师通过实践教学强化学生工程能力培养，将企业搬到学校，将企业课题和工程新技术带入课堂，培养出的工程师更能满足社会需要(詹友基等，2022)。

第二节 新工科师资队伍建设探索

教师队伍建设需要以新工科建设所要求的多学科交叉融合为要求，引导教师在新技术、新产业上下功夫并寻求突破和发展，探索出一条适合学科创新发展和人才培养的教师激励与支持模式。

1. 师德师风建设

新工科建设的首要任务是打造一支政治觉悟强、师德师风高尚、专业素质过硬的优秀师资队伍，只有这样的教师队伍，才能确保培养出满足我国社会主义建设需求的德才兼备专业人才。而要实现这一目标，加强政治理论学习，不断提升职业道德素养，是培养师德师风的必由之路。在学校层面上，从教师招聘环节严把师德关。在引进人才时，不仅考察他们的专业素养和教学基本功，还考察他们的道德修养、政治素质、团结协作精神、责任感、大局观等。其次在组织新进教师的入职培训中，通过讲课、视频学习、组织报告会等形式将师德师风教育贯穿其中。在基层教学组织层面上，学习贯彻习近平新时代中国特色社会主义思想和党的十九大精神，新时代对教师队伍特别是师德建设新要求，开展心得交流、团建座谈会等活动，把师德师风教育纳入到日常教学管理中。针对重科研、轻教学的现象，从学校层面将教学内容纳入年度考核和聘期考核中，扭转思维，形成“教学科研同样重要”的观念。

2. 青年教师培养

青年教师完成从学生到老师的角色转换，需要过好教学关、育人关、科研关。充分发挥基层教学组织的传、帮、带作用，利用教研活动时间开展教学观摩、教学研讨、教学交流活动，促进新老教师之间、新进教师之间的相互交流、相互启发、相互学习和共同提高。建立新进教师上课导师制度，青年教师上课前由主讲教师带教。听主讲教师授课，了解课程的目的、要求，学习怎样组织和扩展教学内容、突出重点和难点，了解教学过程各个环节，学习教学技巧，认真详细地记录听课笔记。在主讲教师指导下，参加理论教学、习题讲解、实验、答疑辅导、考试命题与阅卷等各个教学环节。参与当年的课程设计、毕业设计、实习等实践环节指导工作。经过试讲并达到开课水平后，才能独立上课。支持和协助老师参加学院青年教师讲课比赛。结合教师建档工作，分步骤选派青年教师建档进入教学水平库，完善对老师的教学监督机制。支持和鼓励青年教师进行教学研究，参与教学研究项目立项申报。

青年教师不仅要过教学关，更要过育人关。青年教师本身知识储备丰富、思维缜密，又与学生年龄相仿，他们与学生有着天然的亲近感，因此他们的言行会影响到学生三观的形成，这种影响是潜在的、长期的。故引导青年教师努力成为有理想信念、有道德情操、有扎实学识、有仁爱之心的好老师，是新工科人才培养的重要环节。做“大先生”是习近平总书记2016年12月7日在全国高校思想政治工作会议的讲话中对教师提出的新要求。习总书记强调，教师不能只做传授书本知识的教书匠，而要成为塑造学生品格、品行、品位的“大先生”。2021年教师节前夕，习总书记又在给全国高校黄大年式教师团队代表回信中，勉励教师真正把为学、为事、为人统一起来，当好学生成长的引路人（廖祥忠，2021）。采取青年教师担任班主任和学务指导，与老教师座谈，“时代楷模”黄大年老师、张桂梅老师的先进事迹学习及讨论，新时代“大先生”成长路径讨论等活动，学习和体会如何为人师表、因材施教、诲人不倦。帮助他们过育人关。

针对如何发挥青年教师的学术专长，凝练学术方向，强化科研合作，促进青年教师的学术起步与持续发展等问题，采取青年教师参加科研团队，对接国家需求，结合学校优势学科特色，凝练自身科研方向，学科交叉融合研讨等活动，帮助青年教师提升科研能力，快速闯过科研关。

3. 增强教师工程实践能力

为了提高教师的工程实践能力，鼓励教师深入企业生产一线。通过和一线人员交流、学习、了解企业生产实际，并通过和企业联合解决生产实践问题，提高教师深入一线的积极性。同时，通过教师带领学生到一线实习，让学生了解生产实践，了解企业存在的问题，从而提高学生学习的积极性，由此提高教师和学生的积极性，以教师主动应对企业需求、学生主动接触生产实践为推手，推动师生产学研用相融合（闫立龙等，2023）。此外，要求教师承担或以技术骨干的身份参加横向课题研究，参加对企业的咨询服务等活动，以提升工程实践能力。

4. 增强教师工程教育能力

鼓励青年教师教学立项，将人工智能、大数据、自动控制等技术融入到教学中。为了将行业发展最新成果及时传递，要求教师每年更新教学方案。为了保证整个课程体系的高效性、系统性和完整性，从2020年起，实行专业课备课沟通制度。即每学期期末举行教学研讨会，就行业最新进展、每门专业课程教学内容专门进行研讨，为下学期课程的备课做准备（焦玉勇等，2023）。成立系毕业设计工作小组，要求教师在布置论文选题时，按照专业毕业论文（设计）教学大纲与教学标准要求，认真落实教学内容，紧扣行业发展动向，结合最新规范和要求给出毕业论文（设计）的选题范围。此外，要求毕业论文（设计）选题尽量来自校企联合的签约企业提供的工程实例，实现真题真做。

5.企业技术专家参与新工科人才培养

通过和科研院所、行业专家学者共同组建企业教师队伍，坚持取长补短、各取所长原则，通过学术讲座、专题研讨、工程设计举例及运行管理经验交流等形式将各领域专家融入教师队伍，弥补教师工程实践能力不足及解决新工科要求高的问题。毕业论文（设计）实行“校内导师＋企业导师”的双导师制度，校内导师与企业导师联合培养学生的工程实践能力。

第三节　新工科师资队伍建设成效

经过长期建设，地下空间工程系于2017年度获得“湖北省高校优秀基层教学组织”称号。地下空间专业目前拥有“百千万人才工程”国家级人选1人，湖北省“百人计划”入选者2人，湖北省楚天学子2人，中国科学技术协会“青年人才托举工程”入选者1人，“地大学者”青年拔尖人才6人。除纵向科研项目需要达到学校要求外，青年教师主持或以技术骨干参与横向科研项目占比达到100％。青年教师参加学院和学校讲课比赛多有斩获，多名教师在网上投票中，入选校级优秀班主任、优秀实习指导老师。近三年专业教师主持省级及以上教学研究项目3项，校级以上教学研究项目6项，参与人数共计23人，占专业教师的比例为88.5％。聘请了20多位一线技术专家为企业导师，企业导师人数和专业教师人数基本持平。

主要参考文献

白红伟.“新工科”背景下提升青年教师工程实践能力的思考[J].教育教学论坛，2020(14):21-23.

焦玉勇，李雪平，谭飞，等.新工科背景下地下工程人才培养模式探索与实践[J].高教学刊，2023，9(6):64-67，72.

李亚奇,王涛,曹继平,等.新工科建设背景下高校教师考核评价制度改革研究[J].渭南师范学院学报,2019,34(11):5-12.

廖祥忠.努力做教书育人的大先生[J].理论导报,2021(9):54-55.

潘永雄,蓝锐彬,刘捷,等.当前高校新工科教育面临的教材、师资两大难题及对策探索——以电子信息类专业为例[J].中国多媒体与网络教学学报(上旬刊),2021(7):155-157.

闫立龙,代英杰,周成程.新工科背景下农科院校环境工程专业师资队伍建设与思考[J].黑龙江教育(高教研究与评估),2023(2):35-37.

詹友基,贾敏忠,高璐.新工科背景下应用型本科高校师资队伍建设2018-11-14——以福建工程学院为例[J].教育评论,2022(11):133-137.

第八章　协同育人模式建设

协同育人基于协同论而提出，指通过科教协同、校内协同、学校与行业、地方有关部门、企业等协同，将优质科研资源和校外资源转化为育人资源，共同承担育人的职责。将协同论运用于教学实践不仅能提升教育的价值功效，并且能更好地实现教育全面育人的目的。

地下工程专业近年来不断拓展校内外各种方式的协同育人渠道，采取具有特色的培养方式，以提高学生的实践、创新、创业能力以及社会适应能力，培养适应国家建设需要的高素质人才。

第一节　校企协同育人模式建设

一、校企协同育人的政策基础

开展校企合作是培养应用型人才的必由之路，也是高等学校解决学生实训及就业的重要途径，促进企业领先一步吸纳优秀人才，开展产学结合，协同育人，推动企业创新发展的重要举措。

当前，中共中央、国务院印发《深化新时代教育评价改革总体方案》提出，到2035年我国要基本形成富有时代特征、彰显中国特色、体现世界水平的教育评价体系的教育评价改革目标。以习近平新时代中国特色社会主义思想为指导，引导全党全社会树立科学的教育发展观、人才成长观、选人用人观，对高校教育评价提出了新的要求。随着我国“中国制造2025”“互联网＋”“教育信息化2035”等战略的提出，我国逐渐开始向智能化产业发展，新常态下各种制造业的结构调整使社会劳动力的需求发生了巨大的变化，这对各高校新工科创新型人才的培养提出了新要求。但是学校的专业教育仍不能紧跟时代和行业发展。“用工难”现象随处可见，导致这一现象的原因是高校人才输出的供给与目前的产业结构、企业技术升级和生产转型不匹配。如何将高校丰富知识与企业实践的有益经验相结合，为社会和企业培养符合要求的高素质创新人才，增强学生的社会适应能力实现个人价值，具有重要意义。

校企合作协同育人作为创新人才培养的关键阵地，其运行越来越重要。相关文件和政策也明确指出：将新兴产业和高校教育进行融合，加强学校与企业的密切合作，进一步完善校企合作，联合培养协同育人相关机制，培养高素质新工科创新人才。为了适应社会经济快速发展的需要，积极推行和开展新合作方式的探索是工程类学校和专业的不二选择。通过校企合作产学研结合，校企通过互惠互利、有效实现优势互补、充分合作实现共赢和共同发展，对区域经济建设和社会发展具有不可估量的积极作用。

二、校企协同育人存在的问题

针对当地经济发展、专业特点、企业市场的需求，学校一直重视专业发展与企业需求的契合度，并对人才培养模式展开了创新性的探索。地下工程专业教师也紧跟学校发展需求，对本专业的教学改革进行了多方位的创新与探索，并取得一定成绩。由于我国高等教育历史发展、政策导向和教育理念等原因，高校人才培养仍然习惯性按照学术型大学的路子办学，对于专业发展目标定位、教学定位、人才培养定位等现有框架与新工科教育模式仍有一定差异，人才培养质量与社会需求存在一定差距，具体表现在如下几方面。

1. 课程体系与行业需求的密切度不够

土木工程专业、地下建筑工程专业培养的研究应用型人才应符合当地及行业相关企业的需求。但目前现有的课程体系和课程设置与行业要求的应用性、前沿性等特点结合不紧密，部分专业课程设置或部分授课内容与行业现状发展仍有脱节，且多以理论教学为主，与实践有一定差距，所用教材的理论知识尚跟不上专业在实践中的更新速度，在人才质量上，无法满足企业需求。

2. 实践教学体系不完善，职业素养培养不足

目前，学校工程类专业实践教学环节设置目前仍主要依托校内的实习教学资源（如实验室、校外实习基地等），与当地企业合作程度低，学生实践能力没有得到充足的培养。实践教学中，学生往往在教师的引导下进行学习，实践操作内容较少；在专业教学实习环节中，仍以观摩参观学习为主，使得学生的理论知识向实践转化不流畅。学生实习环节考核形式单一，考核依据多局限于平时考勤或编写实习报告，成绩量化指标过于单一，不能够公平、准确、完整地反映学生实

践水平和参与实习的投入力，学生的实践积极性也大打折扣。

3.“双师型”教师数量不足，教师队伍工程能力欠缺

普通本科高校人才引进仍然重学历、重职称，普通工程技术人员难以进入到学校人才招聘范畴，而高端行业技术人才又因为学校的待遇不高不愿到高校工作。目前，高校教师也缺少鼓励青年教师深入企业实践锻炼和学习的有效措施，使得大部分专业课教师较少参与过企业实际的工程项目，对工程项目运行的整个流程不熟悉、技术应用不了解、项目实践经验不足。学校聘请的企业专家不是专任教师，开展教育教学工作时，虽能向学生讲授专业新技术的应用，但缺少在理论上的拔高与总结，对学生的教育不够系统化，缺乏引导性的教育，教学效果也不理想。同时，校内教师和校外专家缺乏足够的沟通，双方在教育教学的综合能力提升方面没有协同前进，使得最终的育人成效不够理想。“双师型”教师的不足，显然已经成为制约高水平应用型人才培养的瓶颈。

4.校企协同程度不足，育人机制不完善

校企合作人才培养涉及企业、高校两方主体。从学校层面，高校与企业产学研合作人才培养从办学理念、人才培养模式、配套制度措施都存在一定的滞后，由于涉及高校的例如教学评价、人事制度、绩效考核、人才引进等方面的配套改革，而又缺乏相应的上级文件指引，因此在实际操作中，难以有效推进和深化；从企业层面，企业作为经济组织，谋求经济利益最大化是其基本属性，一旦发现人才培养成本高，留得住、用得好的人才少，必然难以长久合作，参与产学研合作人才培养的积极性受挫（严丽纯等，2022）。因此，校企协同育人各主体之间尚未建立优势互补、资源整合的良性运行机制，合作机制不稳导致产学研合作人才培养问题较多。

目前，与学校建立产学研合作关系的企业虽然数量上较多，但在人才培养上开展深度联系和合作的单位仍较少，建立和挂牌的校外实践基地更是不多，学生工程实训规模小，到企业实践时仅仅是实习参观，时间短、内容少，育人不深入；校企协同育人质量得不到保证，针对人才培养目标、专业核心课程设置等核心环节也缺少企业的参与，联合培养学生的目标没有达成，校企协同育人模式效果欠佳。

三、新工科背景下校企协同育人模式改革

针对目前在校企合作方面存在的问题和不足，以满足“新工科”对人才的需

求为目的，通过优化课程体系、转变教育理念、完善培养机制、搭建育人平台等，深入协同育人，对校企协同育人模式进行全方位的创新与探索。

1. 广泛调研，完善修订人才培养方案

专业教师转变观念，“主动融入、主动接轨、主动服务”地方企业，教师团队深入公路、铁路、矿山、市政、城市轨道交通等行业，围绕城市地下综合体、隧(巷)道、地铁、综合管廊、深大基坑等大型地下工程建设实践，调研了地下工程项目勘察、设计、施工和组织管理过程中的新理论、新方法、新技术和新装备，如绿色建造技术、BIM技术、人工智能技术等，编写了《地下工程行业发展报告》，为后续地下工程人才培养方案及课程修订提供基础。同时，与地方政府、企事业单位等进行访谈交流，了解目前地下工程专业毕业生必须具备的专业基础知识和实践能力需求，分析目前实践教学中存在的问题与不足，确保毕业生无缝对接用人单位需求，形成《地下工程行业人才需求报告》；了解目前地下工程项目建设所面临的“卡脖子”技术和装备，明确地下工程新工科的内涵，为实践创新基地建设提供指导。

为了充分了解人才培养质量需求，学院也多次邀请行业校友回校座谈，在校友中进行网络问卷调查等方式，充分听取工作五年以上校友对专业人才培养方案的反馈。根据企业需求、专家指导和校友经验，研究修订实施人才培养方案，推进专业设置、教学内容及教学方法的改革。

2. 专业核心课程体系及实践教学体系的融合创新

地下空间工程专业结合学校办学定位及本专业人才培养方案，对课程教学体系、实践教学环节进行改革创新，按照分层分类思想、不同类别设置不同的课程体系和教学内容。

在专业核心课程的设置中，结合行业需求发展，增设了“盾构与非开挖工技术”“工程物探”“绿色建筑概论”等紧贴行业发展的专业选修课。与此同时，专业核心课程增加实践环节、课程设计等的学时，如地下建筑结构设计、地下工程施工课程设计、基础工程课程设计等，争取做到一课一设，提高学生分析解决专业实际问题的能力。在题目的布置和实习任务的安排上也广泛征求和吸纳企业项目经典案例，与企业导师等一道设计相关课题。新的人才培养方案适当增加了实践环节的比重，提高了部分实验、设计、实训课程的实践周数，在专业教学实习环节联系对口产学研企业提供实践基地，形成建立了校企合作实践教学体系(图8-1)。

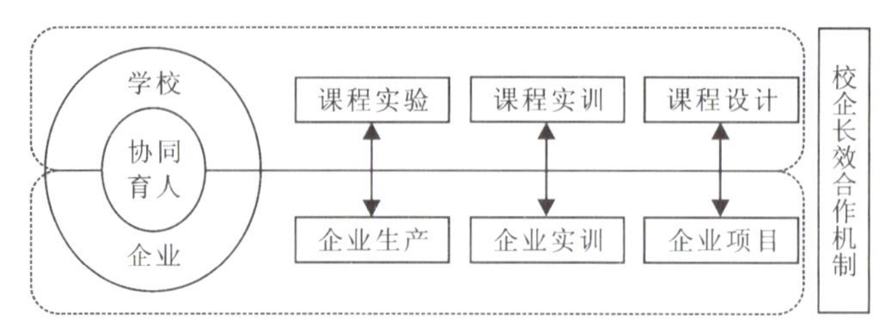

图 8-1　校企合作实践体系

同时，人才培养方案中还增加了创新创业相关课程，如大学生职业生涯规划与发展、创新创业与专业导论、大学生就业指导等课程。专业教师也积极地邀请相关企业专家为在校学生做讲座（图 8-2），让学生了解当前地下工程行业新技术、新应用，激发学生的学习兴趣。

图 8-2　邀请校外专家、学者作客工程文化论坛

为进一步加强校外企业深度参与高校教学及人才培养的力度，利用雨课堂、腾讯会议、钉钉等线上手段充实、更新教学方法，企业专家和学校教师线上线下引导，学生线下自主学习制度，线上线下混合，将课堂从教室延伸到校外，提高学生的专业学习动力。

3. 优化教师队伍结构，加强“双师型”师资队伍建设

建立“双师型”教学模式，聘请实践经验丰富的企业工程师讲授实践性强的实践课程，授课中引入专业发展、企业需求，在提升自身授课能力的同时，为学生展现本专业的发展前景（张震和张灵通，2022）。学校教师重点负责专业理论教学及部分课外实践教学，同时鼓励教师到对口企业实践锻炼，提升实践教学能力，对接企业项目，将教学实践与协同创新相融合，提高“双师型”教师的比例和执教能力。

作为高校工科专业最重要的毕业实习/设计环节，也迫切需要结合新工科背景，探索校企协同育人的新模式，让“双师型”教师在人才培养中发挥更大的作用。在这方面，学校和相关企业单位，如中国一冶集团有限公司，建立了良好的合作机制，取得了丰硕的成果(图 8-3)。中国地质大学(武汉)工程学院和中国一冶集团有限公司在前期的产学研合作基础上，进一步深化企业专家参与土木工程本科生的毕业实习和毕业设计环节，和校内导师一起共同布置毕业设计选题，就工业与民用建筑工程方向、道路与桥梁方向、地下建筑工程方向、BIM 技术等方面，就如何提升学生毕业设计/论文质量提出了非常有针对性的意见和建议。加强校企合作，积极开辟学生设计的新渠道，充分利用校内外教育资源，形成人才培养合力，发挥产学研优势强化毕业设计实践，改善毕业设计脱离工程实际的问题。产学融合的毕业设计模式，将促使学生学会应用所学的专业知识去解决生产和科研中的实际问题，激发学生的创新性，以培养造就行业所需求的、适应社会发展需要的工程师为高等工程教育的根本目标(钟金明和邓元龙，2022)。

图 8-3 学院与中国一冶集团有限公司举行土木工程专业毕业设计/论文企业导师座谈会

校企双方也建立了校内导师和企业导师的“双导师”的运行机制，并提出了具体的行动方案。方案提出中国一冶集团有限公司交通工程公司组建企业导师团队，学生从大三生产实习开始就配备企业导师，企业导师从生产实习、毕业实习、毕业设计、毕业答辩全程参与并指导的运行模式。企业负责人也表示两个单位专业契合度非常高，希望从本科生培养开始，搭建更高的合作平台，进行科研联合攻关和技术创新，最后有更多的优秀毕业生加入到对方公司，成为企业发展的新生力量。

4. 依托产学研基地，完善深化协同育人机制

目前，学院已与中南建筑设计院、中铁第四勘察设计院有限公司、武汉测绘院、中交第二航院、中冶集团武汉勘察研究院公司、中交第二航院工程勘察设计院有限公司、安徽路桥、中国建筑第三工程局有限公司、中铁十一局集团有限公司、中国一冶集团有限公司交通公司等 30 多家企业合作，建立了校内外产学研基地，后续将进一步搭建人才培养实践实训基地，完善协同育人平台及资源建设(图 8-4)。

图 8-4　产学研基地建设及合作交流

在具体的实施中，校企双方也将深化协同育人机制，包括校企人员共同制订符合专业发展、企业需求的培养方案、考核机制，建立督导小组，参与到学生的教学指导、实践实训环节，提升学生的理论与实践相结合的能力。对于学生的校外实习，结合企业项目进行，以企业专家指导为主、校内教师引导为辅，利用企业资源优势，培养适应当地社会经济发展的应用型人才。

四、校企协同育人实施路径及保障

1. 完善协同育人机制，加强政策制度保障

完善校企合作机制建设需要政府强有力的宏观调控，政府为促进校企合作需要出台相关政策，需要相应的法律体系予以保障，以提高服务质量和水平。校企协同育人是长期工程，不可能一蹴而就，也需要建立相应的制度，保障校企共同参与育人的持续性。校企双方成立联合指导小组，共同搭建校企合作平台，商讨校企导师的遴选工作、考核考评工作，同时对教学质量共同评价、指导、监督。完善校企合作保障机制，学校为企业导师提供教学能力培训，企业为高校教师提供实践教学培训。学校和企业本着“优势互补、互利互惠、平等自愿、共赢发展”的原则，校企双方在现有合作框架基础上，在协同育人中实现互利共赢。

2. 改革教学内容，创新教学方式，提升育人效果

学校可根据专业特点，以企业项目为支撑，创新教学及育人形式，课内课外相结合，引导学生将理论知识与实践串联起来，使学生毕业后能够很快地融入职业工作中。学校邀请相关企业导师进入学校课堂，通过真实的项目案例分析，拓展学生的专业知识面，激发学生的专业学习热情。高校也要密切关注全球和国家经济发展形势变化和企业技术创新需求，结合学校科研优势，为企业提供最新的科研成果，利用科研成果丰富教学资源，提升育人效果。

3. 完善产教融合资源平台搭建，推动人才培养

依托教育部产教融合项目平台，推动人才培养模式改革，持续完善多主体协同育人的长效机制，打造产教融合、校企合作的良好生态（杨静等，2022）。进一步搭建校企协同育人教学及实践资源平台，建立创新项目、实践项目资源库、案例库，增加企业导师与学生面对面的交流，加强企业指导。高校依托创新实践活动、各类竞赛、实践教学等环节，增设补充企业导师的参与度，引导学生对所学知识更好地吸收、理解、运用、转化，培养学生主动学习、更新、创新意识。定期邀请企业工程师和校外学者开展报告会、交流会，解答学生困惑，激发学生创新能力。

“新工科”背景下，地下工程专业校企协同育人是培养应用型人才的有效途径之一。学校和企业互利互助，探索创新校企协同育人模式。学校以培养高水平、高质量的应用型人才为导向，企业以人才需求为出发点，充分整合校企双方特点及优势，搭建校企合作共赢的创新创业平台，不断激发学生学习热情；企业通过与学校的合作，利用学校科研及学生优势资源，从企业项目入手，解决发展过程中遇到的难题，缓解人才缺失状况。校企优势互补、资源整合、协同育人，最终达到共赢效果。

第二节　基于产业技术中心的协同育人模式建设

当前，地下工程专业迫切需求具有传统土木工程与新一代信息技术学科交叉背景的人才推动本学科在数字化、智能化方向的发展。2018 年 4 月，教育部发布了《高等学校人工智能创新行动计划》，以推进人工智能领域的学科交叉和跨学科人才培养。跨学科教育是为了培养具有深厚理论基础，掌握多门学科知识和多种应用技能，具有创新思维和跨界沟通能力等多方面能力和素质的复合型人才。

一、产学研合作育人模式现状及发达国家模式借鉴

1. 基于协同创新理念的产学研合作育人模式现状

根据产学研合作的主体划分，我国在产学研合作创新型人才方面的培养方式主要有以下三种：①依托高等学校模式。这种模式的主要特点是高校利用自主研发的科技创新成果成立自己的公司，在创造经济效益的同时促进学科发展和自主创新型人才培养。②依托项目模式。这种模式就是依托国家重大科技项目、依托企业项目或组建产学研技术创新战略联盟，生产、教学和科研联合进行，在生产实践中培养人才，服务社会和经济发展。③联合培养人才模式。包括面向行业人才需求的博士后工作站、研究生实训与创业创新基地等。

2. 校企合作协同育人面临的困境

(1)校企对接不紧密。产教融合有助于提高人才质量、推动产业创新、增强企业核心竞争力，然而校企对接不紧密是实施过程遇到的主要问题，其造成了企业优质资源难利用，校企融合互动较少、协同发展局面较差的局面。

(2)合作模式不丰富。产教融合需要院校与企业在人才培养、课程开发、师资互聘、实训基地建设、应用技术协同创新中心建设等方面开展深层次合作。然而，执行中普遍存在以顶岗实习替代产教融合、缺乏课程体系与实习基地合理规划的现象，协同性未能充分体现。

(3)激励机制不健全。校企双方虽然在人才培养、科技创新等方面建立合作协议，但由于缺乏足够的激励保障机制，系统性政策支持不足，大多停留在顶岗实习层面，难以深化校企双主体协同育人的合作深度。

(4)多学科协同不成熟。低碳化、数字化、智能化等理念变革和技术发展对地下工程方向的跨学科人才培养带来更多挑战，目前多学科协同育人模式尚不成熟，尚需在对接地下工程产业发展、变革跨学科协同创新机制等方面突破旧桎梏，为智能建造产业升级培育力量。

3. 比较视角下发达国家的产学研合作模式借鉴

(1)产学研政策规划。产学研规划层面，主要由教育与科学研究部，企业、能源与信息部以及其他部门共同完成规划的制定，并为产学研合作提供财政支持；建立法律体系，保障产业协同创新，如美国的《拜杜法案》等；完善政策体系，推动产学研协同创新，如日本的共同研究中心(李恩璞，2022)。在产学研协同育人机制形成的初期，政府行政力量起主导作用，而随着产学研协同育人机制的形成，

市场规律将最终发挥决定性作用(耿乐乐,2020)。

(2)企业参与积极性。合理运用税收工具和金融工具,促进更多企业参与产学研协同育人。一方面,税收优惠可降低了企业的税负,以提高其参与产学研协同育人的积极性。另一方面,在融资政策和措施方面向有关参与企业倾斜,使其获得一定的融资利率优惠、校企合作研发项目的贷款利率减免等权益(耿乐乐,2020)。

(3)科研平台支撑。面向社会需求,以校友资源为核心建立创业研究平台,促进毕业生创新创业及信息交流。学生可以创业小组形式定期进行交流和分享,教授可及时了解创业过程中的问题,并以问题为导向和校友合作开展科学研究;平台同时为创业学生提供高校、企业等的智库和资源支持,以帮助学生解决创业中的困惑,解决大学、科研机构和企业之间存在信息不对称问题,以降低信息不对称所带来的交易成本(程培岩等,2020)。设立以促进创新为目标且能够统筹高等教育、科学研究和企业研发的专门机构,拥有整合相关资源的权力,能够在政策制定和资金分配等方面拥有足够的自主权,实现信息的共享与整合(耿乐乐,2020)。

(4)跨学科课程体系。跨学科育人实践方面,德国高校高度重视跨学科创业教育,提供跨院系的选修课程和课外活动,把来自不同院系的学生联系起来,让学生有机会与投资者、支持机构建立联系,并参与商业计划竞赛(程培岩等,2020)。瑞典的教育非常重视以解决问题为导向,课程规划强调创造力、设计与企业家精神,以强化问题形塑与问题解决能力、加强概念学习等多学科训练,响应真实工程工作环境中的复杂性(耿乐乐,2020)。

(5)科研成果产业化。通过产学研融合,协同创新主体实现了知识共享和产品研发优化,但产品价值需市场证明。所以,在产学研协同创新过程中,企业不仅要注重与高校、科研机构的合作研发,还要加速科研成果的产业化,构建与企业发展相适应的知识转移机制,推动科研成果向经济效益的转化;企业同时收获研发能力的提升与创新型人才资源的增长(武文霞,2018)。为促进大学与企业之间的人员流动,瑞典创立了"企业员工制"和"联合教授制"等模式。"企业员工制"鼓励大学教师、研究人员每年以交流或借调的形式到企业工作一段时间,了解技术在企业中的运用与发展动态,促进研发和技术创新。此外,瑞典的大学在每年新生入学后,都会从企业聘请客座教师,向学生介绍企业发展状况,并指导未来就业规划(耿乐乐,2020)。

二、优化跨学科产教融合校企协同育人策略

1. 优化发展跨学科教育模式

建立跨学科多专业融合教育新理念。新工科背景下的人才培养模式，要围绕国家重大战略需求和国民经济发展主战场，以原有专业的专业特点和学科优势为基础平台，结合地区、企业未来发展要求，增加学科交叉与综合的新特色，打造复合型创新人才培养新模式(田禾等，2021)。基于跨学科建设理念，针对当前学科专业现状及存在的教育教学理念观念陈旧、学科专业交叉融合不足、解决复杂工程能力不够等问题，通过校企共建协同育人合作模式，构建形成“跨学科组织机构＋跨学科课程＋跨学科团队＋跨学科平台”的多学科交叉融合创新平台，开展体现学校优势与特色的专业集群建设(巩文斌，2021)。

2. 优化多学科人才培养方案

构建解决问题导向的多学科培养方案。以解决复杂现实问题为导向，通过整合多学科多专业的知识体系，探索问题解决途径，形成以“问题解决”为核心的研究范式。这种过程是学生自我认知、自我评价、自我突破的过程多学科融合，驱动人才培养模式改革(田禾等，2021)。突破学科专业定势，探索多学科专业交叉融合，优化人才培养方案，推进课程体系和教学模式改革，构建面向复杂问题的课程群，组建面向跨学科专业教学团队和项目平台，实现以学生为主体的开放教学平台和培养机制，形成“新工科＋多学科交融”的平台模式，全面驱动人才培养模式创新发展(巩文斌，2021)。

3. 构建多学科融合创新平台

建设与发展跨学科研究创新平台，需以“国家和行业需求”为导向、“多学科交叉”为理念，“校一企合作”为途径，与工程勘察、设计、施工及相关科技企业合作共建，并探索多学科创新平台长效运行机制。通过产教融合、协同育人等校企合作方式整合实训实践资源，共建一批高水平的工程实践创新教育基地。同时围绕人才培养、科研创新、社会服务三方面相互合作，推动教育链、人才链、知识链和产业链深度融合，形成具有良好示范和带动效应的产学研“多学科融合创新平台”(巩文斌，2021)。

4. 基于虚拟现实技术的多学科创新实践平台

虚拟现实技术具备沉浸式交互体验特征，在现场难进入、工程复杂度高、安全要求高的应用场景中具有较高的价值，结合教学功能模块、表现模块、交互模

块等，可建立虚拟现实教学创新平台。近些年，国内外的许多高校都根据自身科研和教学的需求采用了虚拟现实技术。例如，圣地亚哥州立大学设立的“VITAL项目”，提供了各种虚拟现实、实现现实和虚拟混合的沉浸式工具，将其用于虚拟现实实验教学领域(孙刚成和杨晨美子，2021)。面向地下工程人才培养特点，以虚拟现实现场施工教学项目为例，将虚拟现实与体验式教学高效融合，突出以学生为中心的教学理念，可通过创新教学内容、教学方法、教学环节实现特色内容构建。

5. 融合多学科、多平台、多途径的教学支撑体系

(1)搭建多学科课程建设体系。面向学生解决复杂工程问题能力的提升，将更多人工智能类课程加入必修和选修模块，形成多学科的模块化课程设计，推广实施案例教学、项目式教学等研究性教学方法，注重培养学生概括、分析和解决专业问题的综合能力。建立多专业参与的跨学科教学团队，并构建多元化的课程体系，创新拓展多方联合的教学方法。

(2)搭建多学科交流实践平台。跨学科以从多学科视角获取并优选资源配置，以克服资源分享和转换过程中的阻碍。面向地下工程学科，可通过搭建各类学科交流平台，可促进不同学科便捷高效地沟通，最终实现跨学科知识整合和知识创造。针对教学中内容与工程现场结合不紧密、跨学科学习沟通缺乏等问题，通过资源整合、教研结合、参与课题、现场实践等途径，强化教学内容的学习，促进教学应用实践，培养学生分析问题、解决问题的能力。

(3)搭建校企多方交流团队。通过地下工程行业工程师进校园，拓展课程的教学手段与方法，把握行业最新动向，形成校内主讲与企业引导相结合的教学团队，加强新技术在教学中的应用，并引领课题教育紧扣学科领域前沿。

三、构建协同创新理念下产学合作育人的长效机制

1. 建立协同创新整体

协调多方利益，完善高校、企业、学生“三位一体”的激励机制，构建稳固的协同创新整体；加大校企“人员嵌入”力度，通过“引进来，走出去”的“访问工程师”“特聘教授”等方式，积极建设一支“双师型”师资队伍；通过学术研讨、学术沙龙、共研项目等形式的常态化交流，促进深度合作。

2. 建立企业长期参与机制

面向工程应用和实践前沿，考虑合作企业特色，校企共建特色课程，签约针

对性合作项目，构建课程内容和人才培养方案，形成特色课程体系；构建引入新方法、新体系、多学科、模块化的地下工程科学课程群；通过校企共建实验室，解决针对性不够、资源不足、设备不先进等问题，逐步形成校企共建学科与专业的趋势。

3. 构建立体化的模块式教育体系

融合企业为前台的工程前沿需求、高校为前台的科研与教学实力，以平台创建和科研项目为依托，构建立体化的模块式教育体系，完成地下工程专业人才培养，一方面满足企业与高校的基本教学、培训、科研任务，另一方面促进各方的知识、能力与综合素质提升，达成共赢的目标。

第三节　本科生导师-辅导员协同育人模式建设

一、本科生导师制育人模式

1. 本科生导师制的背景

导师制，即导师对学生的品德、学习和生活等方面进行个别指导的新型教学制度，改传统"教"学模式为"导"学，主要培养学生独立分析问题和解决问题的能力(曾昆等，2016；王维强和严运兵，2015；周伟，2016)。本科生导师制在英国牛津大学起源并发展起来，1379 年由牛津大学"新学院"率先实行，成为学院的正式制度。此后导师制逐渐为牛津大学各学院所接受(王倩，2013)。19 世纪，牛津大学、剑桥大学的本科教育普遍开始使用导师制。英国导师制的核心是训练学生的自主意识、培养学生的理性，这与大英帝国的绅士与淑女的精英社会相吻合。所以他们一方面强调学术自由、教学自由、学生自由，另一方面要发挥学生的主动性，培养学生的理性。20 世纪上半叶，美国的哈佛大学、普林斯顿大学等开始使用本科生导师制。现在众多的国际知名高校都在普遍实行本科生导师制。

2002 年，北京大学、浙江大学率先在本科生中全面实行导师制试点。2010 年开展的试点学院改革，本科生全员导师制是一项重要举措，当时有 10 多所 985 大学选择了一个学院进行试点。由于各高校试点学院效果较好，本科生导师制这一制度迅速被其他高校采用。2019 年 9 月，教育部出台的《关于深化本科教育教学改革，全面提高人才培养质量的意见》再度提出"建立健全本科生学业导师制度，安排符合条件的教师指导学生学习，制订个性化培养方案和学业生涯规划"。

2. 本科生导师职责

实行本科生导师制后，班主任的相关工作职责与专业导师教育内容融为一体，对大学生从以“管”为主到以“导”为主，导师可将自己多年的工作和学习经验介绍给学生，并结合班主任的日常教育管理，引导学生自行处理日常生活琐事，促进学生自我教育、自我管理、自我监督。本科生导师主要职责包括以下6个方面（王为其和黄新蓉，2007）。

（1）对学生进行思想政治引导、法纪教育、基础文明教育。帮助学生树立正确的世界观、人生观和价值观；关注学生的身心健康发展，及时帮助学生解决思想上的困惑。

（2）帮助学生尽快适应大学的学习生活环境，端正学习态度，掌握科学的学习方法，对个别学习有困难的学生，给予针对性辅导。

（3）指导学生了解专业和学科领域的研究内容、发展方向及动态，帮助学生树立专业理想，激发专业学习兴趣。及时开展专业学习辅导及成长发展咨询。

（4）充分了解学生，能根据学生的不同兴趣、特点给予不同的指导，尊重和鼓励学生的个性发展。

（5）帮助学生正确认识自己，合理定位，并根据专业培养方案结合学生发展规划指导学生选修课程，制订学习计划。

（6）指导学生积极参与科研立项、社会实践等活动，进行一定的科研训练，培养学生的创新能力和科学精神。

3. 本科生导师制实施中存在的问题

本科生导师制在实践中取得了一定的成效，但是也存在一些问题和不足（徐志峰，2011；舒苏荀等，2022），主要表现为以下几个方面。

（1）师生交流沟通存在一定的障碍。担任导师的大多数教师既要承担繁重的教学任务，还要承担与绩效评定、职称评聘密切相关的、繁重的科研工作。教学任务加上科研任务，占据了教师的大部分时间，尽管许多教师非常愿意与学生交流，但因科研与教学工作而无法保证与学生的有效沟通时间。其次，受研究生导师制的模式影响，有些导师认为本科生导师制类似于研究生导师制模式，未对学生的思想认识、大学规划进行有效指导，重点放在了培养学生的研究能力上。但是本科生由于自身专业水平的限制，他们中的多数人并不能满足导师的要求，所以，导师与学生交流的主动性较差。同时，由于生师比偏高，造成了一个导师指导的学生数量过多，导师分身乏术，无法保证和学生的正常交流。

（2）导师制评价体系不完善。现行的高校教师评价制度，其根本侧重点是科研成果，对导师制有效的评价机制和激励机制还不完善，导致部分导师积极性不高。

（3）导师工作职责不明确，工作内容不清晰。本科生导师工作职责范围过广，涉及本科生的学习、生活、思想、就业等方方面面，与班主任、辅导员的工作内容存在重叠交叉，加上缺乏宣传或介绍不够全面，学生对本科生导师的角色定位较为模糊，分不清楚其与班主任、辅导员的工作区别。学生在遇到具体问题时不知道找谁咨询，或因问题不对口无法从本科生导师处得到专业解答，易打消寻求导师帮助的积极性。一旦学生在学业或心理等方面出现状况，可能出现本科生导师、班主任、辅导员多方同时监管使学生备受压力而产生逆反心理的情况，或出现几位教师都认为是对方的工作范围而放手不管致使学生处于无人监管的状态。

二、辅导员制育人模式

1952 年，国家提出要在高校设立政治辅导员；1953 年清华大学、北京大学向当时的教育部提出试点请求；此后，不少高校建立了辅导员制度，主要开展政治工作，是学生的“政治领路人”。2017 年，中华人民共和国教育部第 43 号令《普通高等学校辅导员队伍建设规定》中对辅导员工作要求和职责作了明确的规定。

1. 辅导员工作要求及职责

在 43 号令中，对辅导员工作的要求为：恪守爱国守法、敬业爱生、育人为本、终身学习、为人师表的职业守则；围绕学生、关照学生、服务学生，把握学生成长规律，不断提高学生思想水平、政治觉悟、道德品质、文化素养；引导学生正确认识世界和中国发展大势、正确认识中国特色和国际比较、正确认识时代责任和历史使命、正确认识远大抱负和脚踏实地，成为又红又专、德才兼备、全面发展的中国特色社会主义合格建设者和可靠接班人。辅导员的主要工作职责包括以下几个方面。

（1）思想理论教育和价值引领。引导学生深入学习习近平总书记系列重要讲话精神和治国理政新理念新思想新战略，深入开展中国特色社会主义、中国梦宣传教育和社会主义核心价值观教育，帮助学生不断坚定中国特色社会主义道路自信、理论自信、制度自信、文化自信，牢固树立正确的世界观、人生观、价值观。掌握学生思想行为特点及思想政治状况，有针对性地帮助学生处理好思想认识、价值取向、学习生活、择业交友等方面的具体问题。

(2)党团和班级建设。开展学生骨干的遴选、培养、激励工作,开展学生入党积极分子培养教育工作,开展学生党员发展和教育管理服务工作,指导学生党支部和班团组织建设。

(3)学风建设。熟悉了解学生所学专业的基本情况,激发学生学习兴趣,引导学生养成良好的学习习惯,掌握正确的学习方法。指导学生开展课外科技学术实践活动,营造浓厚学习氛围。

(4)学生日常事务管理。开展入学教育、毕业生教育及相关管理和服务工作。组织开展学生军事训练。组织评选各类奖学金、助学金。指导学生办理助学贷款。组织学生开展勤工俭学活动,做好学生困难帮扶。为学生提供生活指导,促进学生和谐相处、互帮互助。

(5)心理健康教育与咨询工作。协助学校心理健康教育机构开展心理健康教育,对学生心理问题进行初步排查和疏导,组织开展心理健康知识普及宣传活动,培育学生理性平和、乐观向上的健康心态。

(6)网络思想政治教育。运用新媒体新技术,推动思想政治工作传统优势与信息技术高度融合。构建网络思想政治教育重要阵地,积极传播先进文化。加强学生网络素养教育,积极培养校园好网民,引导学生创作网络文化作品,弘扬主旋律,传播正能量。创新工作路径,加强与学生的网上互动交流,运用网络新媒体对学生开展思想引领、学习指导、生活辅导、心理咨询等。

(7)校园危机事件应对。组织开展基本安全教育。参与学校、院(系)危机事件工作预案制定和执行。对校园危机事件进行初步处理,稳定局面控制事态发展,及时掌握危机事件信息并按程序上报。参与危机事件后期应对及总结研究分析。

(8)职业规划与就业创业指导。为学生提供科学的职业生涯规划和就业指导以及相关服务,帮助学生树立正确的就业观念,引导学生到基层、到西部、到祖国最需要的地方建功立业。

(9)理论和实践研究。努力学习思想政治教育的基本理论和相关学科知识,参加相关学科领域学术交流活动,参与校内外思想政治教育课题或项目研究。

2. 辅导员制面临的困境和短板

在全面贯彻党的教育方针、坚持立德树人根本任务、培养堪当大任的时代新人等方面,长期默默奋斗在学生工作第一线的辅导员队伍起着非常重要的作用。

然而，随着我国高等教育改革的不断深入，以及高等教育环境的深刻变化，高校辅导员制度已经显现出困境和短板(张晓清和李秀晗，2015)。

(1)辅导员工作压力大

部分高校无法达到“专职辅导员总体上按1∶200的比例配备”的要求，专职辅导员配备不足，部分高校以专兼结合的方式开展相关工作。同时辅导员还承担着学院各类行政管理工作，包括安全教育、危机处理、心理咨询、就业指导、宿舍管理、学业指导、勤工助学等事务，“上面千条线，下面一根针”，辅导员工作压力显著增大。

(2)辅导员的专业性弱化

教育部《普通高等学校辅导员队伍建设规定》明确指出：选聘的辅导员应当“具有相关的学科专业背景”。这里的“相关学科专业”是指与辅导员工作相关的思想政治教育学、教育学、心理学、管理学等，但实际操作情况却并不如此，专业素质往往被替代成与工作对象即学生群体相对应的学科专业，导致辅导员工作的专业性打折扣。

三、本科生导师-辅导员协同育人模式建设

本科生导师-辅导员的协同育人模式既能突出学生的思想政治教育，也能兼顾学生专业知识的学习和成长，是理想的发挥各自优势、互相补充的模式。工程学院从2019级本科生开始，推行本科生导师制，本科生导师-辅导员协同育人模式构建如下。

1. 明确辅导员和本科生导师的工作职责分工

根据《中国地质大学(武汉)辅导员队伍建设办法(试行)》中，辅导员的工作职责体现在以下几个方面。

(1)帮助大学生树立正确的世界观、人生观、价值观，培育和践行社会主义核心价值观。积极引导大学生中的先进分子树立共产主义远大理想，确立马克思主义的坚定信念。

(2)帮助大学生养成良好的道德品质，经常性地开展谈心活动，引导大学生养成良好的心理品质和自尊、自爱、自律、自强的优良品格，增强大学生克服困难的能力。帮助大学生处理好学习成才、择业交友、健康生活等方面的具体问题，提高思想认识和精神境界。

(3)建立完善的学生思想政治状况调研反馈机制，及时开展相关调研，准确

了解和掌握大学生思想动态，结合热点和焦点问题及时进行教育引导，化解矛盾冲突。积极参与处理有关突发事件，维护好校园安全和稳定。

（4）认真做好大学生奖励资助工作，组织好大学生勤工助学，积极帮助家庭经济困难大学生完成学业。不断完善“发展型”资助的制度措施，积极推进“结果奖励”向“过程支持奖励”转变，激励学生追求学术卓越。

（5）积极开展新生入学教育引导、学业与职业规划辅导，帮助学生了解就业政策和形势，树立正确的就业观念；积极拓展就业市场，开展创新创业实践，提供就业指导服务。

（6）以班级为基础，以学生为主体，以“党徽照我行——支部引领工程”为载体，发挥学生党团组织和班级集体在大学生思想政治教育中的组织力量，指导学生党团支部和班委会建设，做好入党积极分子和学生骨干培养工作，激发学生的积极性、主动性，推进学生主体性发展。

（7）建立协同机制，组织、协调班主任、学务指导教师、思想政治理论课教师、研究生导师和组织员等工作骨干，共同做好思想政治工作。在学生中开展主题班会、志愿服务、社会实践、文艺体育等内容丰富和形式多样的教育引导活动。

（8）积极承担“思想道德与法律”“形势与政策教育”“心理健康教育”“创新创业教育”“学业职业规划与就业指导”等相关课程的教学任务，注重研究教学方法，不断提高课程教学效果；注重工作研究，探索工作规律，努力促进自身职业化专业化发展。

本科生导师的工作职责如下。

（1）负责学风建设和专业指导。引导学生确立正确的专业思想，明确学习目的和成才目标，端正学习态度，树立良好的学风。指导学生熟悉本专业人才培养方案及课程教学大纲，针对学生个体差异，指导学生选修课程和安排学习进程。帮助学生了解学院和大学学习的情况，引导学生确立专业意识、掌握科学的学习方法，引导帮助解决学习方面的问题。指导学生开展课外阅读、科技创新和社会实践等活动，指导毕业班学生的毕业实习、毕业论文、求学深造。

（2）负责学生的职业规划与就业指导。导师帮助学生学会正确认知自我，深入、客观地分析和了解自己，剖析自己的人格特征、兴趣、性格等多方面情况，了解自己的优势和不足，在此基础上帮助和指导学生认知职业，选择适合自己的目标定位。要求学生根据自己的职业目标，采取相应的具体措施，步步落实。导师帮助学生树立正确的就业观；加强就业、考研、考公务员等指导工作，为择业、就

业作好准备；充分利用自身优势和掌握的资源，积极向用人单位推荐毕业生，对学生自主创业给予扶持。

(3)负责学生课外科技创新活动。导师与学生保持经常联系，根据学生的学习需要等实际情况，适当安排学生参与科研课题(或课程建设课题)的研究或辅助性工作。指导学生课外课题研究选题和立项，组织科研课题讨论会，动员和组织学生参加课外科技竞赛活动，从而促进学生科学素养和创新精神的培养和提高。

(4)协助开展思想引导和心理疏导工作。在对学生给予学习方面指导的同时，注重对学生的思想教育和品德教育，发挥导师对学生在授业与人格影响上的优势；深入学生的日常学习、生活中，在掌握所指导学生学业情况的同时，了解学生的性格特征、兴趣爱好及思想动态等，配合辅导员对学生进行思想政治方面的指导。应加强与学生的情感交流和沟通，帮助学生解决心理问题；鼓励学生参加各种健康向上的公益活动和文体活动，提高心理素质，培养健全人格。

2. 建立导师-辅导员双向交流机制

建立辅导员与导师的双向交流机制，旨在通过辅导员与导师之间的联系和信息交流完善培养学生的合力机制，进一步构建“全员育人、全方位育人、全过程育人”的整体格局，更好地实现“教书育人、管理育人、服务育人”的多元结合。为了实现辅导员与导师的双向交流，工程学院从2019年开始，进行学生工作体系改革，将原来的“横向”的按年级设置辅导员制度调整为“纵向”的按系设置辅导员制度。目前辅导员下沉到各系的机制优势逐渐显现。

(1)深化了辅导员对专业和学科的认识。辅导员全程参与专业和学科的建设，弥补了专业和学科方面的知识，增强了对专业和学科的了解，在学生工作中碰到相关问题时能进行更有针对性的解答，对学生培养更有利。

(2)强化了专业教师对学生工作的了解和认识。在以往实行的年级辅导员模式中，辅导员工作与导师工作交集较小，没有固定的工作机制开展双向交流，导致专业教师对学生工作不了解，存在学生工作就是辅导员的事情等片面认知。辅导员下沉到系后，通过支部主题党日、全系大会等工作机制增强了专业教师和辅导员之间的交流沟通，加深了专业教师对学生工作的了解和认识，明确了自身职责，增强了本科生导师制的效果。

(3)辅导员与导师的沟通更加通畅。由于辅导员下沉到系里，与导师的沟通更加通畅，不像原来每学期辅导员以面谈、电话、邮件以及网络平台等多种形式与导师联系，通报学生在思想政治、日常管理等方面的基本表现。现在做到了即时沟通，相互交换意见，有效地解决了学生在生活和学习上面临的问题。

3. 本科生导师制-辅导员协同育人模式的效果

导师-辅导员协同育人机制的建立，不断促进本科生专业学习成绩与德育水平的全面提高，使辅导员的日常思想政治教育工作与学生日常管理工作和本科生导师在指导学生过程中的德育工作得到有效整合。通过导师、辅导员和学生之间的信息沟通、意见交流与反馈，学生的专业学习与德育工作的综合育人效果得到全面提高。促使导师的教书育人与辅导员的思想政治教育工作、服务管理在此基础上形成新的工作局面，取得好成绩，从而将本科生的德育工作做好、做实、做细。

主要参考文献

程飞亚，张惠. 世界一流大学跨学科研究平台构建模式研究——以清华大学为例[J]. 北京教育 · 高教，2020(1)：66-70.

程培岩，刘淑芳，王丽娟，等. 典型发达国家高校创新创业教育产学研合作模式的研究与借鉴[J]. 山西高等学校社会科学学报，2020，32(10)：61-66，71.

耿乐乐. 发达国家产学研协同育人模式及启示——基于德国、日本、瑞典三国的分析[J]. 中国高校科技，2020，385(9)：35-39.

巩文斌. 基于虚拟现实的新工科建筑类专业多学科融合创新平台构建[J]. 实验室研究与探索，2021，40(4)：247-251.

李恩璞. 国外发达国家产学研协同创新的主要模式及启示[J]. 天津科技，2022，49(1)：11-14.

舒苏荀，舒艾，白希选，等. 本科生导师制实施现状分析及改进对策研究——以武汉工程大学土木工程与建筑学院为例[J]. 高等建筑教育，2022，31(1)：61-67.

孙刚成，杨晨美子. 新工科人才必备的批判性思维与核心能力培养[J]. 民族高等教育研究，2021，9(4)：2-13.

田禾，刘力健，张涛，等. 新工科背景下跨学科多专业融合教育建设的思考[J]. 科技风，2021，462(22)：62-63.

王倩.试论英国本科生导师制及对我国本科教育的启示[J].中国电力教育,2013(16):3-4.

王为其,黄新蓉.高校本科“辅导员-导师制”培养模式探析[J].中国成人教育,2007(13):43-44.

王维强,严运兵.基于导师制的地方高校本科生创新团队培养机制探讨[J].教育现代化,2015(16):26-28.

武文霞.协同创新视阈下发达国家产学研发展经验及启示[J].广东第二师范学院学报,2018,38(6):41-47.

徐志峰.本科生导师制与辅导员制的关系研究[D].合肥:安徽工业大学,2011.

严丽纯,陈循军,黄云超,等.校企产学研合作促进应用型本科人才培养的探索与实践[J].高教学刊,2022(9):139-142.

杨静,孙延鹏,杨彬,等.校企合作、产学研结合培养应用型人才[J].实验室科学,2022,25(2):175-178.

曾昆,潘志明,周福才,等.本科生“全程导师制”的实践与思考[J].大学教育,2016(1):7-8,11.

张洪杰,幸福堂,施耀斌,等.“新工科”理念下安全科学与工程多学科交叉融合人才培养模式构建[J].中国冶金教育,2020,196(1):55-58.

张晓清,李秀晗.高校本科生“辅导员—导师制”模式探索研究[J].齐齐哈尔大学学报(哲学社会科学版),2015(8):11-13.

张震,张灵通.“新工科”背景下土木工程专业校企协同育人模式探索—以新疆理工学院为例[J].科技风,2022(6):23-25.

钟金明,邓元龙.新工科产学研深度融合的毕业设计模式研究[J].高教学刊,2022(21):89-92.

周伟.中国高校本科生导师制发展研究[J].教育观察(上半月),2016,5(2):37-38,124.

第九章 地下工程人才培养质量评价及对策

为了提高国家竞争力，各国都高度重视人才培养质量。为深入贯彻全国教育大会精神和《中国教育现代化 2035》，全面落实新时代全国高等学校本科教育工作会议和直属高校工作咨询委员会第二十八次全体会议精神，坚持立德树人，围绕学生忙起来、教师强起来、管理严起来、效果实起来，深化本科教育教学改革，培养德智体美劳全面发展的社会主义建设者和接班人，2019 年，教育部印发了《关于深化本科教育教学改革全面提高人才培养质量的意见》(简称《意见》)。《意见》从严格教育教学管理、深化教育教学制度改革、引导教师潜心育人和加强组织保障 4 个方面提出了 22 条举措。

人才培养质量评价工作是检测和评判教学质量的重要手段和方法，是保障教学管理目标实现的重要环节，也是新工科形成内外闭环的关键环节。因此，做好人才培养质量评价工作是高等院校的立足之本。

第一节 人才培养质量概念界定与标准

一、人才培养质量概念界定

要理解人才培养质量，需要理解高等教育质量，因为人才培养质量内在于高等教育质量，人才培养质量是衡量高等教育质量的核心指标。《国家中长期教育改革和发展规划纲要(2010—2020 年)》提出要“把提高质量作为教育改革发展的核心任务”，要“制定教育质量国家标准”。制定关于高等教育的质量标准，首先面对的就是高等教育质量是什么的问题。只有在对高等教育质量有了明确的界定，了解高等教育质量的内涵所在，才能谈到制定质量标准，这是高等教育质量保障与评价的基础，也是最终提高高等教育质量的前提，同时也是引领高等教育发展的“风向标”。

余小波(2005)将高等教育质量的内涵概括为：高等教育产品和服务所具有

的功效性、人文性和调适性在满足社会和学生发展以及高等教育系统自身有序运转方面要求的程度。杜瑞军(2021)提出:理解高等教育质量,需要审视大学的根本责任和使命,回归教育属性,把立德树人作为理解高等教育质量的价值坐标,在教学、科研、社会服务等高等教育诸多功能中突出育人的根本性地位,在多种价值主张中明确"本地立场",在过去、现在和未来的时空坐标中注重增值赋能,突出核心能力的培养。

本书将人才培养质量界定为:师资质量、培养过程质量、在校生质量、毕业生质量在内的一系列教育实施过程的总体质量。其中师资质量包括师资数量、结构等方面;培养过程质量包括专业支撑平台、课程教学质量等方面;在校生质量则是学生就读期间的总体表现,如获奖情况等;毕业生质量是指毕业生的就业率、考研率等相关情况以及毕业 5 年后学生的发展情况。

二、人才培养质量标准

人才培养质量标准是为衡量人才培养应达到的目标而制定的具体明确的标准,是实现专业建设目标、保证人才培养质量的重要的基础性工作。目前国内具有影响的几种高等教育人才培养标准如下。

1. 普通高等学校本科专业类教学质量国家标准

《普通高等学校本科专业类教学质量国家标准》于 2018 年 1 月正式颁布,该标准是各本科专业类所有专业应该达到的质量标准,是设置本科专业、指导专业建设、评价专业教学质量的基本依据;是高等学校制定专业人才培养标准,修订人才培养方案的基本依据。其中对城市地下空间工程专业人才培养的基本要求体现在以下几个方面。

(1)思想政治和德育方面。具有科学的世界观和正确的人生观,愿为国家富强、民族振兴服务;为人诚实、正直,具有高尚的道德品质;能体现人文和艺术方面的良好素养。具有严谨求实的科学态度和开拓进取精神;具有科学思维和辩证思维能力;具有创新意识和一定的创新能力;具有良好的职业道德和敬业精神;坚持原则,具有勇于承担技术责任,不断学习、获取新知识和寻找解决问题的愿望;具有推广新技术的进取精神;具有良好的心理和身体素质,能乐观面对挑战和挫折;具有良好的市场、质量和安全意识;注重城市地下空间工程对社会和环境的影响,并能在工程实践中自觉维护生态文明与社会和谐。

(2)业务方面。①了解哲学、政治学、经济学、法学等方面的基本知识,了解文学、艺术等方面的基础知识；掌握工程经济、项目管理的基本理论和方法；掌握1门外语。②熟悉工程科学、环境科学的基本知识，了解当代科学技术发展的主要趋势和应用前景；掌握数学、力学和物理学的基本原理和分析方法；掌握至少1门计算机高级编程语言并能运用其解决一般工程问题。③掌握工程地质条件对城市地下空间工程的影响规律，掌握工程材料的基本性能和选用原则，掌握工程测绘的基本原理和方法、工程制图的基本原理和方法。④掌握城市地下空间工程规划、施工方法选取、结构选型、构造、计算原理和设计方法，掌握工程结构CAD（计算机辅助设计）和其他软件应用技术；掌握城市地下空间工程施工的基本技术、过程、组织和管理，以及城市地下空间工程施工对周围环境影响的工程检测和试验基本方法。⑤了解城市地下空间工程专业的有关法律、法规、规范与规程；了解地下建筑、给水与防排水、地下建筑环境与能源应用、建筑电气与智能化等相关知识；了解工程机械、交通、环境的一般知识；了解城市地下空间工程的发展动态和相近学科的一般知识。⑥具有综合运用各种手段查询资料、获取信息、拓展知识领域、继续学习的能力。⑦具有应用语言、图表等进行城市地下空间工程表达和交流的基本能力；具有常规工程测试仪器的运用能力。⑧具有综合运用知识进行城市地下空间工程设计、施工和管理的能力。⑨具有初步的科学研究和应用技术开发能力。⑩具有较好的组织管理、交流沟通、环境适应和团队合作能力。

（3）体育方面。掌握体育运动的一般知识和基本方法，形成良好的体育锻炼和卫生习惯，达到国家规定的大学生体育锻炼合格标准。

2. CEEAA 标准

中国工程教育专业认证协会（China Engineering Education Accreditation Association，CEEAA）发布的2022版中国工程教育认证通用标准中的毕业要求有以下几个方面。

（1）工程知识：能够将数学、自然科学、工程基础和专业知识用于解决复杂工程问题。

（2）问题分析：能够应用数学、自然科学和工程科学的基本原理，识别、表达、并通过文献研究分析复杂工程问题，以获得有效结论。

（3）设计/开发解决方案：能够设计针对复杂工程问题的解决方案，设计满足特定需求的系统、单元（部件）或工艺流程，并能够在设计环节中体现创新意识，考虑社会、健康、安全、法律、文化以及环境等因素。

(4)研究:能够基于科学原理并采用科学方法对复杂工程问题进行研究,包括设计实验、分析与解释数据、并通过信息综合得到合理有效的结论。

(5)使用现代工具:能够针对复杂工程问题,开发、选择与使用恰当的技术、资源、现代工程工具和信息技术工具,包括对复杂工程问题的预测与模拟,并能够理解其局限性。

(6)工程与社会:能够基于工程相关背景知识进行合理分析,评价专业工程实践和复杂工程问题解决方案对社会、健康、安全、法律以及文化的影响,并理解应承担的责任。

(7)环境和可持续发展:能够理解和评价针对复杂工程问题的工程实践对环境、社会可持续发展的影响。

(8)职业规范:具有人文社会科学素养、社会责任感,能够在工程实践中理解并遵守工程职业道德和规范,并履行责任。

(9)个人和团队:能够在多学科背景下的团队中承担个体、团队成员以及负责人的角色。

(10)沟通:能够就复杂工程问题与业界同行及社会公众进行有效沟通和交流,包括撰写报告和设计文稿、陈述发言、清晰表达或回应指令,并具备一定的国际视野,能够在跨文化背景下进行沟通和交流。

(11)项目管理:理解并掌握工程管理原理与经济决策方法,并能在多学科环境中应用。

(12)终身学习:具有自主学习和终身学习的意识,有不断学习和适应发展的能力。

3. 新工科人才培养质量通用标准

林建(2020)遵循新工科通用标准的制定原则和基本思路,以具有广泛认可度的《华盛顿协议》标准作为底线,以“卓越计划”本科工程型人才培养通用标准(教高函〔2013〕15 号)为基础,充分考虑“未来工程发展趋势及特征分析”结果中提出的要求,最终形成的新工科通用标准包括 9 方面共 16 条。

(1)学科专业知识方面。①基础知识。具有从事工程工作所需的数学、自然科学以及经济管理等人文与社会科学知识。②专业知识。掌握解决复杂工程问题所需的工程基础、工程专业和相关学科知识,了解本学科专业的前沿发展现状和趋势。③工具使用。能够针对复杂工程问题,包括对其预测和模拟,开发、选择与使用恰当的技术、资源、现代工程工具和信息技术工具,并理解其局限性。

(2)职业素质方面。具有家国情怀、全球视野、人文社会科学素养、批判性思维、跨学科和系统思维、追求卓越的态度、勤勉敬业和艰苦奋斗精神。

(3)复杂工程问题分析方面。能够应用数学、自然科学、工程科学和相关学科的基本原理,识别、表达、研究文献和分析复杂工程问题,得出被证实的结论。

(4)复杂工程问题研究方面。能够开展对复杂工程问题的研究,包括通过文献研究、实验设计、数据分析和解释以及信息综合等研究方法,以得到有效的结论。

(5)复杂工程问题解决方案方面。熟悉专业相关领域的技术标准、相关行业产业政策、法律和法规,能够设计复杂工程问题的解决方案以及设计和开发满足特定需求的系统、部件或工艺流程,注重质量和效益,充分考虑公共健康、安全、文化、社会、环境等因素。

(6)工程师责任和伦理方面。①工程影响——能够应用相关背景知识进行论证分析,评价专业工程实践和复杂工程问题解决方案对社会、健康、安全、法律和文化问题的影响及产生的责任。②可持续发展——能够理解和评价针对复杂工程问题解决方案的专业工程工作对环境和社会可持续性发展的影响。③工程伦理——具有工程伦理意识、社会责任感,能够在工程活动中遵守职业道德和规范,平衡各方利益并承担工程的自然及社会责任。

(7)沟通与团队工作方面。①沟通交流——能够在复杂工程活动中与工程界和全社会进行有效的交流沟通。②团队工作——能够在不同团队和多学科环境中有效地发挥个体、成员和领导角色的作用。③全球胜任力——能够在跨文化环境下进行交流、竞争和合作。

(8)工程领导力方面。能够参与或负责工程项目管理、工程决策以及危机与突发事件处理。

(9)终身学习和创新发展方面。①终身学习——能够具有终身学习意识,能够及时获取信息、更新和应用新知识以动态适应迅速变化的外部环境。②创新发展——具有网络化能力、创新创业能力和跨界整合能力,能够应对未来行业市场竞争、促进行业和产业发展。

综上,高等教育人才培养质量标准是一个立体的、动态的范畴,目前我国的高等教育人才培养质量标准基本涵盖了学术性标准、职业性标准、品德标准三个部分。新工科背景下,对学生综合素质培养提出了更高的要求,培养学生形成对繁杂多样的知识点的整合能力、解决生产实际问题的实践能力和着眼于未来技术发展的创新能力等尤为重要。

第二节 人才培养质量评价体系

一、人才培养质量评价及评价方式

1. 人才培养质量

培养质量评价最早由被誉为现代教育评价之父 Taylor 提出的教育评价演变而来，其定义教育评价是指评价由自身、社会或国家所规定的教育目的中被完成或实现到何种水平。评价专家 Cronbach 等提出教育评价是指“为决策提供信息的过程”；国际上的教育评价专家把评价定义为一种既有判断又有描述活动，用以测量评价对象的优缺点或价值；评价标准联合委员会认为评价是指对所评估对象所具有的价值以及优劣程度的整体分析。现实的研究中大部分学者还是将教育评价认定为一种对评价对象的价值或优缺点的描述及判断活动。

2. 人才培养质量评价方式

人才培养质量评价方式一般有两种：一种是学校内部的评价方式，另一种是学校外部即社会的评价方式。学校内部的评价方式考核点在于培养学生总体上是否可以达到专业培养目标的规定；学校外部评价方式考核点在于社会对高校培养出的人才质量是否能适应国家、社会、行业需求。在评价过程中，将学校内部评价与外部评价有机地结合起来，按照高等教育内部和外部关系发展规律，以提高人才培养质量为核心。在校内，如果人才培养模式不符合人才培养目标时，就要对培养方案进行调整并改革，使人才培养模式能更好地符合人才培养目标；在校外，如果培养出来的学生不能适应社会经济发展，也要对培养模式进行改革。人才质量评价可以用“一个中心、两个结合”来形容，即以提高人才培养质量为中心，校内校外评价相结合。

二、人才质量评价指标体系要素

我国高等工程教育通过培养工程人才为社会服务，人才是制约我国社会经济发展的决定力量。只有从社会需求出发，分析影响我国高等工程教育人才培养质量的因素，选择合理指标构建客观的质量评价体系，并将这个体系用于指导高等工程教育，才能真正提高人才培养质量。

1. 国际专业认证背景下的高等工程教育人才培养质量评价体系的要素分析

国际工程教育专业认证是指在工程教育类专业及学位方面的国际互认，它为跨国人才的专业学位和职业资格提供国际认可的质量评估与认证，确认工科毕业生达到行业认可的既定质量标准要求，是一种以培养目标和毕业出口要求为导向的合格性评价。周应国和孙晓梅(2019)结合工程教育专业认证通用标准(2017 版)的 7 个要素和社会各相关方对工程科技人才的知识、能力与素质要求，构建了可操作的指标要素，如表 9-1 所示。

表 9-1　国际专业认证背景下高等工程教育人才培养质量评价指标要素

一级指标	二级指标	一级观测点	二级观测点
培养目标和规格定位	培养目标	毕业生在毕业 5 年左右能够达到的职业和专业成就	结合学校发展定位和市场人才需求，确定工程科技人才的培养目标。定期评价和修订培养目标，并邀请行业或企业专家参与
	毕业要求	学生毕业时应该掌握和具备的知识、技能和素养	①工程知识：具备工程基础知识和本专业的基本理论知识，以及从事工程工作所需的相关数学、自然科学和经济管理知识； ②工程能力：能够分析复杂工程问题，设计解决方案；能够采用科学原理和方法研究复杂工程问题； ③工程技能：能够针对复杂工程问题，正确使用资源技术和现代工具，并利用专业知识分析评价工程方案对社会、环境、健康、安全、法律、文化等的影响；能够在多学科背景下的团队中承担个体、团队成员以及负责人的角色，并就复杂工程问题与同行及公众进行有效沟通与交流，理解并掌握工程管理原理与经济决策方法； ④工程素养：具备一定的国际视野和跨文化交流能力；具有人文社会科学素养、社会责任感和工程职业道德；具有自主学习和终身学习的意识和能力

续表 9-1

一级指标	二级指标	一级观测点	二级观测点
培养过程与管理	课程体系	课程设置能支持毕业要求的达成，课程体系设计企业或行业专家参与	①课程方案和内容科学合理，包含人文社会科学类通识教育课程；设置完善的实践教学环节，与企业合作开展实习实训，培养学生的实践能力和创新能力； ②毕业设计（论文）选题结合本专业的工程实际问题，培养学生的工程意识、协作精神以及综合应用所学知识解决实际问题的能力；对毕业设计（论文）的指导和考核有企业或行业专家参与
	师资队伍	教师数量和能力满足教学需要，结构合理，并有企业或行业专家作为兼职教师	①教师数量和整体结构满足工程教育的需要，有一定数量具有工程经历的教师或企业专家作为专兼职教师； ②教师有足够时间和精力投入到教学中，并积极参与教学研究与改革，明确自身在教学质量提升过程中的责任，不断改进工作； ③教师为学生提供指导、咨询、服务，并对学生职业生涯规划、职业从业教育有足够的指导
	支持条件	学校能够提供达到毕业要求所必需的教学基础设施，图书资料资源管理规范、共享程度高，教学管理服务规范	①校内实训场所：教室、实验室及设备在数量和功能上满足教学需要，有良好的管理、维护和更新机制，使得学生能够方便地使用； ②校外实践基地：与企业合作共建实习和实训基地，在教学过程中为学生提供参与工程实践的平台； ③专业教学资源库：计算机、网络以及图书资料资源能够满足学生的学习以及教师的日常教学和科研所需； ④教学经费有保证，总量能满足教学需要

续表 9-1

一级指标	二级指标	一级观测点	二级观测点
培养成果反馈和持续改进	培养成果反馈	建立校内、外相结合的多方评价机制，对学生进行全程跟踪评价	①校内建立教学过程质量监控机制，评估学生课程达成度和毕业要求达成度； ②校外建立毕业生跟踪反馈机制和用人单位评价制度，评估毕业生的就业能力、岗位胜任度、职业素养、个性品质、自我成长满意度等培养目标达成情况； ③开发评价渠道，吸收学生家长、行业企业等更多利益相关者参与评价，评估人才培养模式、师资队伍和结构、教学资源和校园文化等支持条件是否有利于学生达成预期培养目标
	分析与改进	分析、评价人才培养过程和质量，不断改进人才培养方案	对接学生的就业和发展实际，根据社会、行业的发展趋势和用人单位的需求状况，及时发现问题，优化调整培养目标和毕业要求，并依次调整课程体系和教学活动，持续改进不足

2. 新工科背景下人才培养质量评价体系的要素分析

(1)新工科人才培养目标定位。新工科与传统学科培养出的人才不同之处在于传统学科在整个教育过程中都是围绕会不会做专业知识和技能开展，而新工科提倡学生的能力包括在职业知识和技能方面会不会做，道德与价值取向方面该不该做，社会、环境、文化方面可不可做，经济与社会效益方面值不值得做，团队、沟通、学习方面做得好不好。新工科人才能力的达成主要是要重视和体现学生的主体作用，围绕学生所能达到的能力为抓手，从而形成新工科人才培养目标。因此，制定新工科人才培养目标一定要体现学生的主体作用。

(2)新工科的能力需求。新工科的能力需求就是毕业生在毕业时要达到创新创业的能力、动态适应的能力、高素质能力，这也是我国工程教育专业认证对新工科毕业生的毕业要求，将其分解细化，那么新工科的能力要求是毕业生在毕业时要具备跨学科思维、系统性思考、领导力、全球视野的大局意识；创新创造、

知识学习与应用、思维判断与分析、工程设计与实践的个人能力;团队合作、表达与沟通、项目管理的团队能力。个人能力包括:知识学习与应用,思维判断与分析,工程设计与实践,创新创造;团队能力包括:表达与沟通,团队合作,项目管理;全局意识包括:跨学科思维,全球视野,领导力,系统性思考。

三、人才培养质量评价模型

目前我国普通高校衡量人才培养质量的研究方法主要可以分为两大类:一类是运用数学统计的方法,一类是运用管理学的方法。数学统计学的方法主要包括TOPSIS法、层次分析法和模糊综合评判法等。管理学的方法有 PDCA 法、CIPP 法等。

1. TOPSIS 评价模型

TOPSIS 的全称是“逼近于理想值的排序方法”(Technique for Order Preference by Similarity to Ideal Solution),是 1981 年提出的一种适用于多项指标、多个方案进行比较选择的分析方法。TOPSIS 模型的中心思想在于首先确定各项指标的正理想值和负理想值,所谓正理想值是一设想的最好值(方案),它的各个属性值都达到各候选方案中最好的值,而负理想值是另一设想的最坏值(方案),然后求出各个方案与理想值、负理想值之间的加权欧氏距离,由此得出各方案与最优方案的接近程度,作为评价方案优劣的标准。

TOPSIS 模型是有限方案多目标决策的综合评价方法之一,它对原始数据进行同趋势和归一化的处理后,消除了不同指标量纲的影响,并能充分利用原始数据的信息,所以能充分反映各方案之间的差距,客观真实地反映实际情况,具有真实、直观、可靠的优点,而且其对样本资料无特殊要求,故应用日趋广泛。

2. CIPP 评价模型

CIPP 评价模型是在 1966 年美国教育改革运动中,美国学者 Stufflebeam 在对目标评价模式反思的基础上创立的。CIPP 评价模型由背景评价(Context)、输入评价(Input)、过程评价(Process)和成果评价(Product)4 个评价要素组成。CIPP 评价的基本观点:评价最重要的目的不在证明,而在改进。它主张评价是一项系统工具,为评价听取人提供有用信息,使得方案更具成效。背景评价就是在特定的环境下评定其需要、问题、资源和机会。输入评价是在背景评价的基础上,对达到目标所需的条件、资源以及各备选方案的相对优点所做的评价,其实质是对方案的可行性和效用性进行评价。过程评价是对方案实施过程中作连续不断地监督、检查和反馈。成果评价是对目标达到程度所做的评价,包括测量、判断、解释方案的成就及评价人们的需要满足的程度等。

3. 层次分析法评价模型

层次分析法(Analytic Hierarchy Process,AHP)是美国运筹学专家Saaty于20世纪70年代提出的一种简便、灵活而又实用的多准则决策方法。

顾名思义,层次分析法是以层次分析为基础,得出相应的权重值。层次分析法求权重的步骤如下:①分析系统中各因素之间的关系,建立系统的递阶层次结构;②对同一层次各因素中的关于上一层次的某一准则的重要性进行两两比较,构造两两比较判断矩阵;③由判断矩阵计算被比较元素对于该准则的相对权重;④计算各层次元素对系统目标的合成权重,并进行排序。

(1)递阶层次结构的建立。应用AHP分析决策问题时,首先把问题条理化、层次化,构造出一个有层次的结构模型。在这个模型下,复杂问题被分解为元素的组成部分。这些元素又按其属性及关系形成若干层次。上一层次的元素作为准则对下一层次有关元素起支配作用。这些层次可以分为三类,如图9-1所示。①最高层。该层次中只有一个元素,一般是分析问题的预定目标或理想结果,也称为目标层。②中间层。该层次包含了为实现目标所涉及的中间环节,可以由若干个层次组成,包括所需考虑的准则、子准则,也称为准则层。③最底层。该层次包括了为实现目标可供选择的各种措施、决策方案等,也称为措施层或方案层。

递阶层次结构中的层次数与问题的复杂程度及需要分析的详尽程度有关,一般层次数不受限制。每一层次中各元素所支配的元素一般不超过9个,因为每一层考虑的元素过多会给两两比较判断带来困难。

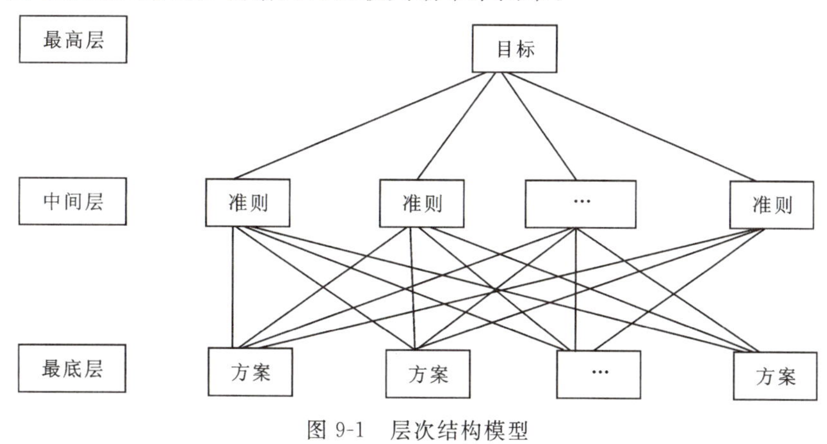

图9-1 层次结构模型

(2)构建两两比较矩阵。假定以上一层元素 B 为准则，所支配的下一层次的元素为 $c_1, c_2, \cdots, c_n$，按照它们对于准则 B 的相对重要性赋予相应的权重。层次分析法采用1-9标度法，使两要素的比较得以定量描述。其取值如表9-2所示。

表 9-2 1-9 标度的含义

标度	含义
1	表示两个元素相比，具有同样重要性
3	表示两个元素相比，前者比后者更重要
5	表示两个元素相比，前者比后者明显重要
7	表示两个元素相比，前者比后者强烈重要
9	表示两个元素相比，前者比后者极端重要
2,4,6,8	表示上述相邻判断的中间值
倒数	若元素 i 与元素 j 的重要性之比为 a_{ij}，那么元素 j 与元素 i 重要性之比为 $a_{ji}=1/a_{ij}$

对于准则 B，n 个被比较的元素构成了一个两两比较判断矩阵 $\mathbf{A}=(a_{ij})_{n\times n}$。其中 a_{ij} 就是元素 c_i 和 c_j 相对 B 的重要性的比例标度。判断矩阵具有下述性质：$a_{ij}>0$；$a_{ij}=\frac{1}{a_{ji}}$，$a_{ii}=1$。

(3)相对权重计算及一致性检验。根据 n 个元素 $c_1, c_2, \cdots, c_n$，对于准则 B 的判断矩阵 $\mathbf{A}$，求出它们对于准则 B 的相对权重 $w_1, w_2, \cdots, w_n$。相对权重可写成向量形式，即 $W=(w_1, w_2, \cdots, w_n)^T$。这里要解决两个问题：一个是权重计算方法，另一个是判断矩阵一致性检验。①权重计算。计算权重的方法主要有和法、根法、特征根法、对数最小二乘法和最小二乘法。②一致性检验。在计算单准则下排序向量时，进行一致性检验。

(4)计算各层次元素对目标层的合成权重。上面得到的是一组元素对其上一层中某元素的权重向量。最终是要得到各元素对于总目标的相对权重，特别是要得到最底层中各方案对于目标的排序权重，即所谓"合成权重"，从而进行方案选择。合成排序权重的计算遵循"自上而下"的原则，即将单准则下的权重进行合成，并逐层进行总的判断矩阵一致性检验。

4. 模糊综合评价模型

模糊综合分析法最早是由查德教授在20世纪60年代提出，是针对经济活动中存在的大量不确定现象提出的一种评判方法，该方法提出后在实践应用中不断发展和改进。该方法是一种定量表达与定性描述相结合的方法，在进行效果评价时包括两大步骤：第一，单独评价单个影响因素；第二，综合评价全部的影响因素。该方法的具体步骤如下。

（1）建立因素集。因素集是指影响评价对象的所有因素的集合。设 $\boldsymbol{C}$ 表示因素集，即有

$$\boldsymbol{C} = \{c_1, c_2, \cdots, c_i, \cdots, c_n\} \tag{9-1}$$

式中，c_i 代表具体的影响因素。这些因素都是模糊的，无法用数量来表示。

（2）建立权重集。由于在实际的对象评价中不同的因素对对象的影响程度是不一样的，须对不同的因素进行加权处理，从而更加真实地反映不同指标对对象的实际影响。设权重集为 $\boldsymbol{W}$，每一因素的权重为 w_i，则有

$$\boldsymbol{W} = (w_1, w_2, \cdots, w_n) \tag{9-2}$$

在上式中所有权重的和为1，各因素的权重有主观确定与计算确定两种方式，对各因素赋予不同的权重值则计算的结果也不一样。

（3）建立评价集。评价集是各种评价结果的集合，设为 $\mathbf{V}$，各可能的评价结果分别为 $v_1, v_2, \cdots, v_n$，则有

$$\mathbf{V} = (v_1, v_2, ..., v_n) \tag{9-3}$$

（4）单因素模糊评价。单因素模糊评价是指以某一因素作为唯一考虑的内容进行评价，假设对单因素 x_i 进行评价，则对评价集中的 j 的隶属度为 r_{ij}。则有单因素的评价 R_i 集

$$R_i = (r_{i1}, r_{i2}, ..., r_{im}) \tag{9-4}$$

则可得单因素评价矩阵 $\boldsymbol{R}$ 为

$$\boldsymbol{R} = \begin{bmatrix} r_{11} & r_{12} & \cdots & r_{1m} \\ r_{21} & r_{22} & \cdots & r_{2m} \\ \vdots & \vdots & \cdots & \vdots \\ r_{n1} & r_{n2} & \cdots & r_{nm} \end{bmatrix} \tag{9-5}$$

隶属度矩阵 $\boldsymbol{R}$ 中第 i 行第 j 列元素 r_{ij}，表示某个评价目标中的影响因素 c_i 对等级模糊子集 v_j 的隶属度。

(5)合成模糊综合评价结果矩阵 **S**。根据模糊数学理论，通常情况下进行归一化处理的方法有两种：一种是目前使用较广泛的最大隶属度法，另一种是加权平均隶属度法。采用加权平均隶属度法计算评价结果向量 **S**。

$$\boldsymbol{S}=\boldsymbol{W}*\boldsymbol{R}=(w_1,w_2,\cdots,w_n)*\begin{bmatrix} r_{11} & r_{12} & \cdots & r_{1m} \\ r_{21} & r_{22} & \cdots & r_{2m} \\ \vdots & \vdots & \cdots & \vdots \\ r_{n1} & r_{n1} & \cdots & r_{nm} \end{bmatrix}=(S_1,\cdots,S_n) \quad (9\text{-}6)$$

其中 S_i 表示对 v_j 的隶属程度。

第三节　地下工程人才培养质量评价结果

一、人才培养质量外部评价

1. 外部评价主体

在人才培养质量外部评价中，根据利益相关方重要程度和可合作程度把已经毕业的学生和用人单位作为毕业要求达成情况评价中的评价主体。

2. 评价数据采集方法

设计调查问卷，采用在线方式，获取毕业生对培养目标达成情况评价的调查和用人单位对毕业生表现的满意度调查。毕业生对培养目标达成情况评价调查的问卷网址为：https://www.wjx.cn/vm/wAGpbxN.aspx；用人单位对毕业生表现的满意度调查的问卷网址为：https://www.wjx.cn/vm/Q0NLvpV.aspx。

3. 人才培养目标达成情况外部评价数据准备

(1)评价指标体系的构建。根据评价指标体系的构建原则，参照《工程教育认证标准》中专业自评和专家考察重点的解读，选取独立解决问题能力、团队合作与交流能力、持续发展与终生学习能力、组织领导与项目管理能力、创新能力 5 项作为地下工程人才培养目标达成评价指标。

(2)各个指标数据的调查。通过在线问卷调查，了解毕业生对独立解决问题能力、团队合作与交流能力、持续发展与终生学习能力、组织领导与项目管理能力、创新能力达成情况的自我评价。调查问卷回收后，统计结果见表 9-3。

表 9-3　专业培养目标达成情况统计表(毕业生自评)　　单位:%

专业培养目标	专业培养目标达成情况(毕业生自评)				
	优秀	良好	中等	及格	不及格
独立解决问题能力	28.57	37.5	25	3.57	5.36
团队合作与交流能力	17.85	55.36	17.86	5.36	3.57
持续发展与终生学习能力	26.78	42.86	21.43	3.57	5.36
组织领导与项目管理能力	21.43	41.07	25	1.79	10.71
创新能力	17.85	33.93	33.93	5.36	8.93

对中国建筑第三工程局有限公司(简称“中建三局”)、中铁十一局集团有限公司、武汉地铁集团等用人单位进行线上问卷调查,了解他们对毕业生在独立解决问题能力、团队合作与交流能力、持续发展与终生学习能力、组织领导与项目管理能力、创新能力达成情况的评价,调查问卷回收后,统计结果见表 9-4。

表 9-4　培养目标达成情况的统计(用人单位评价)　　单位:%

专业培养目标	专业培养目标达成情况(用人单位评价)				
	优秀	良好	中等	及格	不及格
独立解决问题能力	34.37	43.75	15.63	6.25	0
团队合作与交流能力	40.62	40.63	18.75	0	0
持续发展与终生学习能力	31.24	46.88	12.50	9.38	0
组织领导与项目管理能力	28.12	37.50	28.13	6.25	0
创新能力	21.86	28.13	25.00	15.63	9.38

4. 基于模糊综合评价方法的人才培养目标达成情况外部评价

(1)层次分析法权重计算。毕业生能力的重要性矩阵及权重计算如表 9-5 所示。

表 9-5　毕业生能力的重要性矩阵及权重计算结果

专业培养目标	独立解决问题能力	团队合作与交流能力	持续发展与终生学习能力	组织领导与项目管理能力	创新能力	权重
独立解决问题能力	1	1	1	1	1/2	0.1667
团队合作与交流能力	1	1	1	1	1/2	0.1667
持续发展与终生学习能力	1	1	1	1	1/2	0.1667
组织领导与项目管理能力	1	1	1	1	1/2	0.1667
创新能力	2	2	2	2	1	0.3333
$CR=0<0.1$						

判断矩阵一致性检验：$CR=0<0.1$，符合一致性检验。故权重矩阵为
$\boldsymbol{W}=(0.1667, 0.1667, 0.1667, 0.1667, 0.3333)$

(2)毕业生自评结果。由表 9-3 得到模糊综合矩阵 $\boldsymbol{R}$ 为

$$\boldsymbol{R}=\begin{bmatrix} 0.2857 & 0.375 & 0.2500 & 0.0357 & 0.0536 \\ 0.1786 & 0.5536 & 0.1786 & 0.0536 & 0.0357 \\ 0.2679 & 0.4286 & 0.2143 & 0.0357 & 0.0536 \\ 0.2143 & 0.4107 & 0.2500 & 0.0179 & 0.1071 \\ 0.1786 & 0.3393 & 0.3393 & 0.0536 & 0.0893 \end{bmatrix}$$

故模糊综合评价结果矩阵 $\boldsymbol{S}$ 为

$$\boldsymbol{S}=\boldsymbol{W}*\boldsymbol{R}=(0.2173, 0.4078, 0.2619, 0.0417, 0.0714)$$

(3)用人单位评价结果。由表 9-4 得到模糊综合矩阵 $\boldsymbol{R}$ 为

$$\boldsymbol{R}=\begin{bmatrix} 0.3438 & 0.4375 & 0.1563 & 0.0625 & 0 \\ 0.4063 & 0.4063 & 0.1875 & 0 & 0 \\ 0.3125 & 0.4688 & 0.1250 & 0.0938 & 0 \\ 0.2813 & 0.3750 & 0.2813 & 0.0625 & 0 \\ 0.2188 & 0.2813 & 0.2500 & 0.1563 & 0.0938 \end{bmatrix}$$

故模糊综合评价结果矩阵 $\boldsymbol{S}$ 为

$$\boldsymbol{S}=\boldsymbol{W}*\boldsymbol{R}=(0.2969,0.3750,0.2083,0.0885,0.0313)$$

(4)评价结果分析。培养目标达成的毕业生自评和用人单位评价结果如图 9-2、图 9-3 所示。

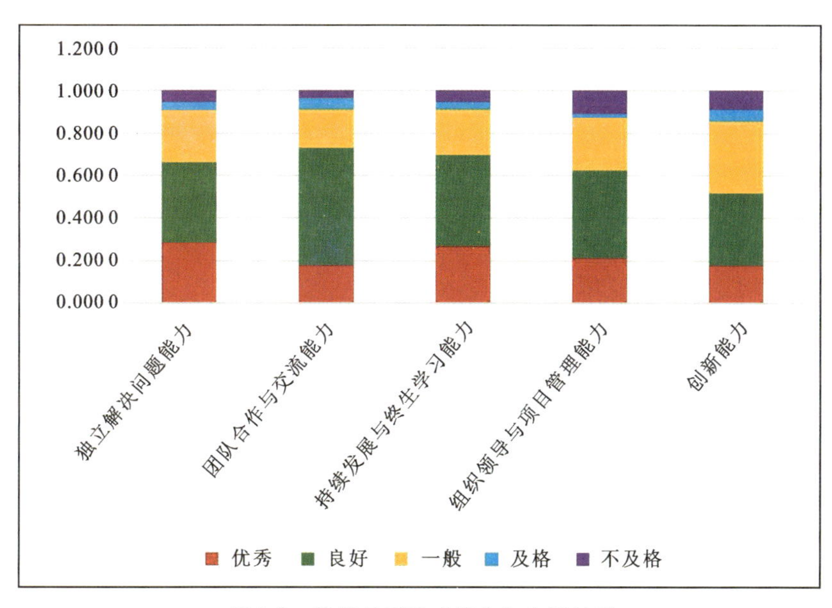

图 9-2 培养目标达成毕业生自评结果

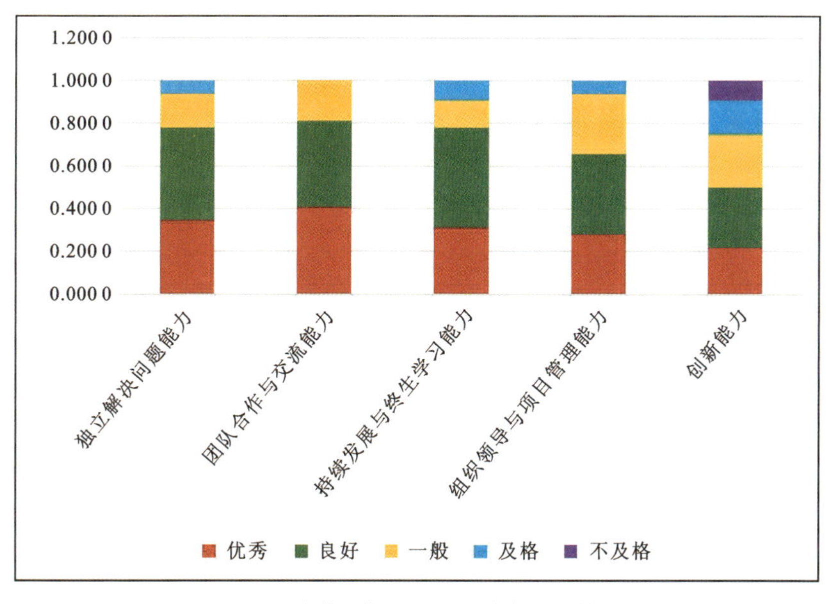

图 9-3 培养目标达成用人单位评价结果

从图中可以看出,各项能力以"良好"占比最高;在各项能力中,"创新能力"的优秀和良好等级得分相对低,这给以后的工作指出了努力方向。用人单位对毕业生的评价比毕业生自评的结果要好,说明用人单位对我校毕业生能力的认可。外部评价最终评价结果如图9-4所示。

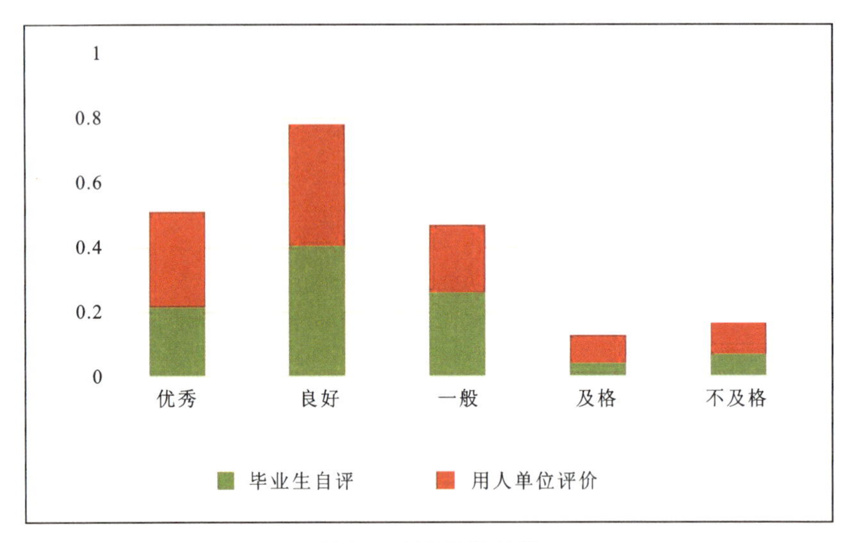

图9-4 最终评价结果

毕业生自评结果:"优秀"的隶属度为21.73%,"良好"的隶属度为40.78%,"一般"的隶属度为26.19%,"及格"的隶属度为4.17%,"不及格"的隶属度为7.14%。用人单位对毕业生的评价结果:"优秀"的隶属度为29.69%,"良好"的隶属度为37.50%,"一般"的隶属度为20.83%,"及格"的隶属度为8.85%,"不及格"的隶属度为3.13%。两者隶属度最高的均为"良好",故人才培养质量外部评价结果为"良好"。

二、人才培养质量内部评价

1. 人才培养质量评价体系构建

高等教育内部质量保障体系关注高等教育的不同职能领域:教学、课程建设、学生学习能力和就业能力培养、师资建设、科研管理和内部治理等(刘志宏,2022)。新工科背景下,在兼顾创新型人才培养质量评价效果的同时,也需要考虑专业发展的新趋势、新特点和新要求。

在人才培养质量内部体系中具有层次结构。本书根据现在流行的评价思路，将评价体系分为3层，即目标层、准则层及指标层。目标层为人才培养质量评价，准则层为针对人才培养质量评价选用的评价指标所属的性质。

本书将准则层分为人才培养系列计划、课程体系、教学方法、师资队伍和在校生质量5类。人才培养系列计划准则层包括专业建设计划、专业群建设计划、针对专业教师的创新团队建设计划和针对学生的创新创业人才计划4个指标层。课程体系准则层包括特色课程的设置、教材选用的先进性和课程建设的质量3个指标层。教学方法准则层包括智慧教学手段的采用、校企联合培养的深入程度和课程考核方式的合理性3个指标层。师资队伍准则层包括教师的年龄结构、科研经费、工程实践经历、教学质量和学缘结构5个指标层。在校生质量准则层包括学生的学习满意度、专业能力、创新成果、毕业质量、就业质量和升学率6个指标层。评价指标体系共包含评价指标21个，详见图9-5。

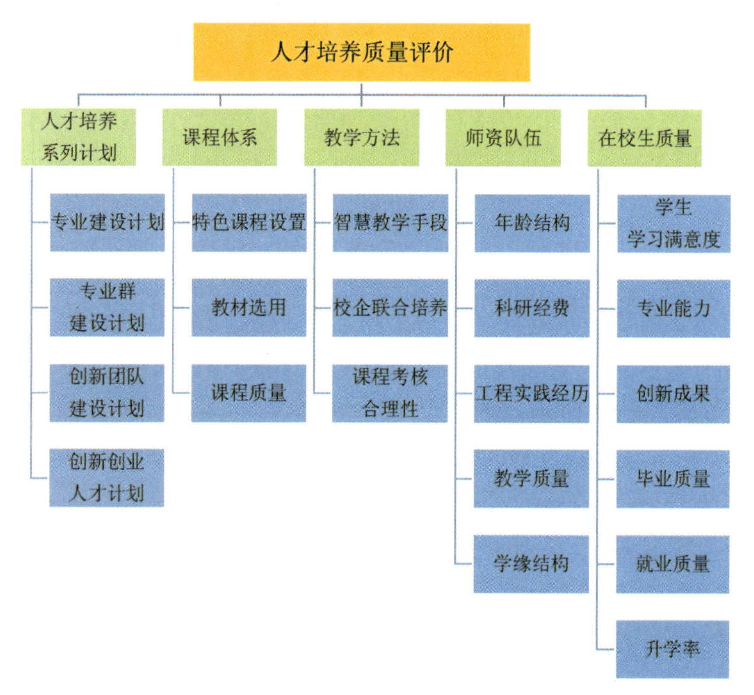

图9-5　人才培养质量评价指标体系

2. 评价指标量化分级

（1）人才培养系列计划。人才培养系列计划准则层包括专业建设计划、专业群建设计划、创新团队建设计划和创新创业人才计划 4 个指标。指标量化约定：将培养计划划分为优秀、良好、一般和及格 4 个等级。培养计划“优秀”，1 级；“良好”，2 级；“一般”，3 级；“及格”，4 级。采用调查问卷形式获取数据，取值为选取占比最多的级别。

（2）课程体系。课程体系准则层包括特色课程设置、教材选用和课程质量 3 个指标。特色课程指跨学科选修课程、学校特色课程、学院特色课程、专业特色课程等。比如我校体育学院开设的“野外生存”选修课，环境学院开设的“生态环境概论”通选课、“水文地质学”专业选修课，地球科学学院开设的“普通地质学”学科基础课，本专业开设的“绿色建筑概论”“数值模拟技术与应用”和“工程物探”等课程。特色课程设置量化约定：特色课程数量大于等于 5 门，1 级；3～4 门，2 级；1～2门，3 级；0 门，4 级。教材选用指选用的教材是否为规划教材或自编教材，按选用教材为规划教材或自编教材占学科基础课和专业主干课的比例进行量化。量化约定：占比大于等于 75%，1 级；占比 50%～75%，2 级；占比 25%～50%，3 级；占比小于 25%，4 级。课程质量指开设的课程是否为校级一流课程或省级一流课程。按一流课程的门数进行量化。量化约定：一流课程大于等于 5 门，1 级；3～4 门，2 级；1～2 门，3 级；0 门，4 级。

（3）教学方法。教学方法准则层包括智慧教学手段、校企联合培养和课程考核合理性 3 个指标。智慧教学手段指课程采用线上线下、翻转课堂等移动信息化智慧教学手段。采用专业主干课程采用智慧教学手段的比例进行量化。量化约定：采用智慧教学手段的课程占比大于等于 75%，1 级；占比 50%～75%，2 级；占比 25%～50%，3 级；占比小于 25%，4 级。校企联合培养指企业参与学生培养的深度，采用毕业设计是否企业选题和企业导师参加毕业设计指导比例进行量化。量化约定：毕业设计选题来自企业而且企业导师指导毕业设计的数量与本年度毕业设计总数量之比大于等于 75%，1 级；50%～75%，2 级；25%～50%，3 级；小于 25%，4 级。课程考核合理性包括内容合理性、考核形式合理性、考核结果的合理性，采用系一级编制的课程考核合理性评价表（5 分制表）进行量化。量化约定：将专业主干课和专业选修课的课程考核合理性评价表的得分排序，取中位数的课程得分作为本项得分。量化约定：5 分，1 级；4 分，2 级；3 分，3 级；低于 3 分，4 级。

(4)师资队伍。师资队伍准则层包括年龄结构、学缘结构、科研经费、工程实践经历和教学质量5个指标。年龄结构以45周岁以下教师占比进行量化。量化约定:45周岁以下老师占比大于等于75%,1级;50%~75%,2级;25%~50%,3级;小于25%,4级。学缘结构以本科、硕士和博士学位均不是本校获得的教师(简称"三非")占比进行量化。量化约定:"三非"教师比大于等于75%,1级;50%~75%,2级;25%~50%,3级;小于25%,4级。科研经费以4年人均经费进行量化。量化约定:4年人均经费大于等于320万元,1级;160万元~320万元,2级;40万元~160万元,3级;小于40万元,4级。工程实践经历采用持各类执业资格证书的教师人数加最近4年参与经费大于200万元以上的横向项目的教师占比进行量化。比例大于等于75%,1级;50%~75%,2级;25%~50%,3级;小于25%,4级。教学质量采用教学督导和学生对每位教师讲课的评分(百分制)进行量化。把系里每位教师的讲课得分排序,取中位数老师的分数作为本项得分。量化约定:分数大于等于90,1级;88~90,2级;85~88,3级;小于85,4级。

(5)在校生质量。在校生质量准则层包括学生学习满意度、专业能力、创新成果、毕业质量、就业质量和升学率6个二级指标。学生学习满意度采用调查问卷调查结果进行量化。调查问卷将学生学习满意度划分为"很满意""满意""基本满意"和"不满意"4档,试卷回收后,采用4档中占比最高的一档作为本项得分。专业能力采用毕业设计成绩进行量化。将整个专业学生的毕业设计成绩排序,取中位数同学的分数作为本项得分。量化约定:分数大于等于90,1级;85~90,2级;80~85,3级;小于80,4级。创新成果以学生参与各类科技文化竞赛活动获奖人次占比进行量化。比例大于等于50%,1级;30%~50%,2级;10%~30%,3级;小于10%,4级。毕业质量采用毕业生合格率进行量化。合格率大于等于90%,1级;80%~90%,2级;70%~80%,3级;小于70%,4级。就业质量采用一次性就业率进行量化。一次性就业率大于等于90%,1级;80%~90%,2级;70%~80%,3级;小于70%,4级。升学率采用毕业生考取研究生的人数加出国留学人数的学生占比进行量化。升学率大于等于50%,1级;30%~50%,2级;10%~30%,3级;小于10%,4级。

3. 评价指标权重确定

(1)评价数据采集方法。设计调查问卷,采用在线方式,获取专业教师和大四学生对培养质量影响因素重要性排序的调查。对专业教师调查的网址为:https://www.wjx.cn/vm/r3r4Pks.aspx;对大四学生调查的网址为:https://

www.wjx.cn/vm/OyXJuSK.aspx。

(2)调查回收统计结果和评价标准约定。网络调查回收统计结果如表9-6所示。根据回收统计结果,本书确定的层次分析法标度标准如表9-7所示。

表9-6 专业教师和大四学生对评价质量影响因素重要性排序得分统计结果

准则层	指标层	教师评分	学生评分
人才培养系列计划	—	3.12	3.56
课程体系		3.88	3.56
教学方法		2.71	3
师资队伍		3.35	2.89
在校生质量		1.88	2.0
人才培养系列计划	专业建设计划	3.82	3.78
	专业群建设计划	2.35	2.33
	创新团队建设计划	2.18	2
	创新创业人才计划	1.65	1.89
课程体系	特色课程设置	1.65	1.56
	教材选用	1.59	1.56
	课程质量	2.76	2.89
教学方法	智慧教学手段	2.12	1.89
	校企联合培养	2.00	2.11
	课程考核合理性	1.88	2.00
师资队伍	年龄结构	1.71	1.67
	学缘结构	3.18	2.89
	科研经费	2.06	2.44
	工程实践经历	3.71	3.78
	教学质量	4.35	4.22

续表 9-6

准则层	指标层	教师评分	学生评分
在校生质量	学生学习满意度	3.29	2.78
	专业能力	5.53	4.33
	创新成果	3.12	3.33
	毕业质量	4.18	3.44
	就业质量	3.29	4.56
	升学率	1.59	2.56

表 9-7　本书评价因素权重确定的标度标准

标度	含义
1	两者得分之比大于 80%
2	两者得分之比大于 50%
3	两者得分之比大于 20%
4	两者得分之比小于等于 20%

(3)层次分析法权重计算结果。专业教师和大四学生层次分析法计算结果如表 9-8 所示。

表 9-8　专业教师和大四学生层次分析法权重计算结果

准则层 (专业教师权重) (大四学生权重)	指标层权重			综合权重	
	指标层名称	专业教师	大四学生	专业教师	大四学生
人才培养 系列计划 (0.217 5) (0.222 2)	专业建设计划	0.423 6	0.400 0	0.092 1	0.088 9
	专业群建设计划	0.227 0	0.200 0	0.049 4	0.044 4
	创新团队建设计划	0.227 0	0.200 0	0.049 4	0.044 4
	创新创业人才计划	0.122 3	0.200 0	0.026 6	0.044 4

续表 9-8

准则层（专业教师权重）（大四学生权重）	指标层权重			综合权重	
	指标层名称	专业教师	大四学生	专业教师	大四学生
课程体系（0.274 9）（0.222 2）	特色课程设置	0.250 0	0.250 0	0.068 7	0.055 6
	教材选用	0.250 0	0.250 0	0.068 7	0.055 6
	课程质量	0.500 0	0.500 0	0.137 5	0.111 1
教学方法（0.190 3）（0.222 2）	智慧教学手段	0.333 3	0.333 3	0.063 4	0.074 1
	校企联合培养	0.333 3	0.333 3	0.063 4	0.074 1
	课程考核合理性	0.333 3	0.333 3	0.063 4	0.074 1
师资队伍（0.217 5）（0.222 2）	年龄结构	0.100 7	0.088 8	0.021 9	0.019 7
	学缘结构	0.207 8	0.157 8	0.045 2	0.035 1
	科研经费	0.109 2	0.157 8	0.023 8	0.035 1
	工程实践经历	0.259 7	0.297 8	0.056 5	0.066 2
	教学质量	0.322 6	0.297 8	0.070 2	0.066 2
在校生质量（0.099 7）（0.111 1）	学生学习满意度	0.142 2	0.123 7	0.014 2	0.013 7
	专业能力	0.289 9	0.247 5	0.028 9	0.027 5
	创新成果	0.131 6	0.140 3	0.013 1	0.015 6
	毕业质量	0.228 9	0.140 3	0.022 8	0.015 6
	就业质量	0.142 2	0.247 5	0.014 2	0.027 5
	升学率	0.065 1	0.100 7	0.006 5	0.011 2

4. 评价结果

根据评价指标量化分级对 2022 届地下建筑工程方向 2 个班，城市地下空间工程专业 1 个班的学生数据和执教的地下空间工程系教师数据进行统计，得到评价的基本数据如表 9-9 所示。

表 9-9　地下空间专业人才培养质量内部评价结果

准则层	指标层	等级	得分	加权得分	
				教师	学生
人才培养系列计划	专业建设计划	1	100	9.21	8.89
	专业群建设计划	2	80	3.95	3.56
	创新团队建设计划	2	80	3.95	3.56
	创新创业人才计划	2	80	2.13	3.56
课程体系	特色课程设置	1	100	6.87	5.56
	教材选用	1	100	6.87	5.56
	课程质量	3	60	8.25	6.67
教学方法	智慧教学手段	1	100	6.34	7.41
	校企联合培养	3	60	3.81	4.44
	课程考核合理性	2	80	5.07	5.92
师资队伍	年龄结构	2	80	1.75	1.58
	学缘结构	2	80	3.62	2.81
	科研经费	2	80	1.90	2.81
	工程实践经历	1	100	5.65	6.62
	教学质量	2	80	5.61	5.29
在校生质量	学生学习满意度	2	80	1.13	1.10
	专业能力	2	80	2.31	2.20
	创新成果	2	80	1.05	1.25
	毕业质量	1	100	2.28	1.56
	就业质量	3	60	0.85	1.65
	升学率	2	80	0.52	0.90
合计				83.13	82.85

采用专业教师的权重计算和大四学生的权重计算，地下工程人才培养质量内部评价最终得分为 83.13 和 82.85。评价结果处于“良好”区段。

5. 评价结果分析

(1)权重分析。对专业教师和大四学生调查结果统计后，评价影响因素采用层次分析法获得的权重结果如图 9-6、图 9-7 所示。

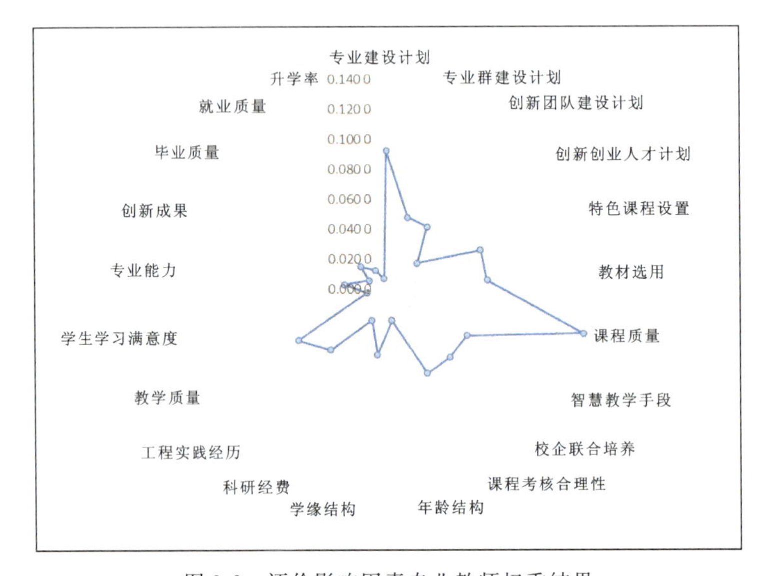

图 9-6　评价影响因素专业教师权重结果

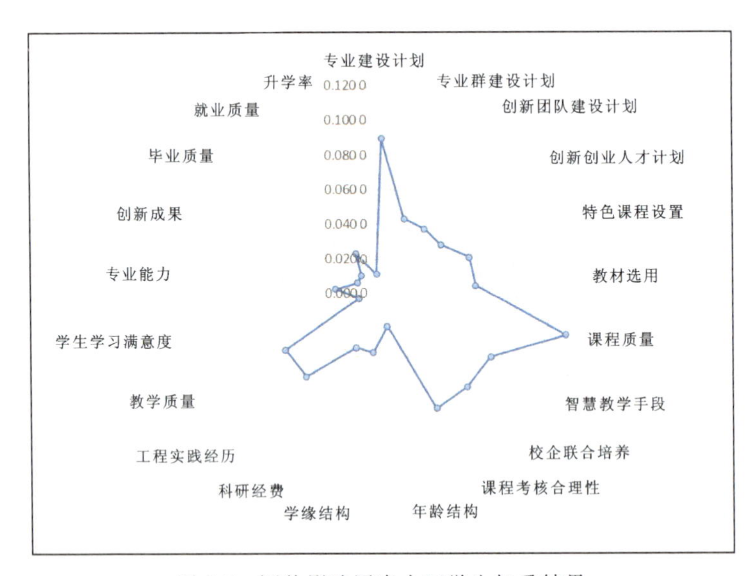

图 9-7　评价影响因素大四学生权重结果

图 9-6 和图 9-7 形状相似，说明老师和同学们对评价指标重要性的认识基本一致。图 9-6、图 9-7 显示，在 21 个评价指标中，课程质量的综合权重最高，超过 0.1；其次为专业建设计划，综合权重在 0.09 附近。专业教师对教学质量的排序计算的综合权重也较高，超过 0.07。大四学生在智慧教学手段、校企联合培养和课程考核合理性 3 个评价指标的排序计算的综合权重也较高，超过 0.07。

(2)各指标得分分析。根据专业教师和大四学生权重计算得到的各指标项得分如图 9-8、图 9-9 所示。

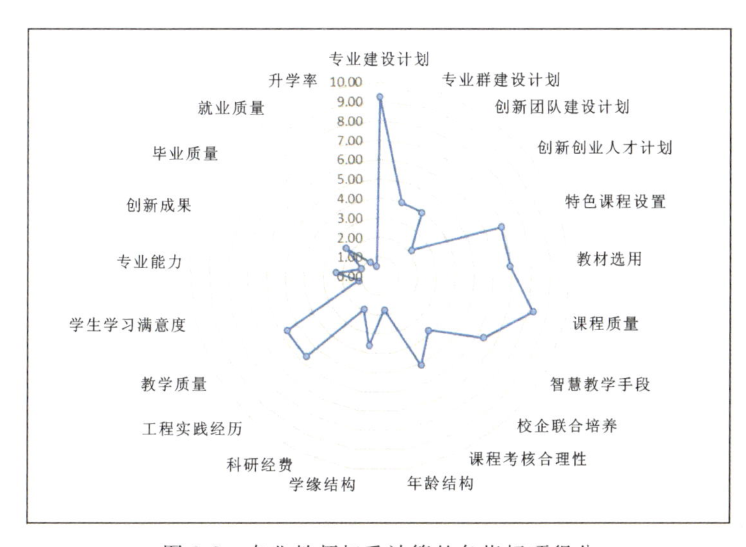

图 9-8 专业教师权重计算的各指标项得分

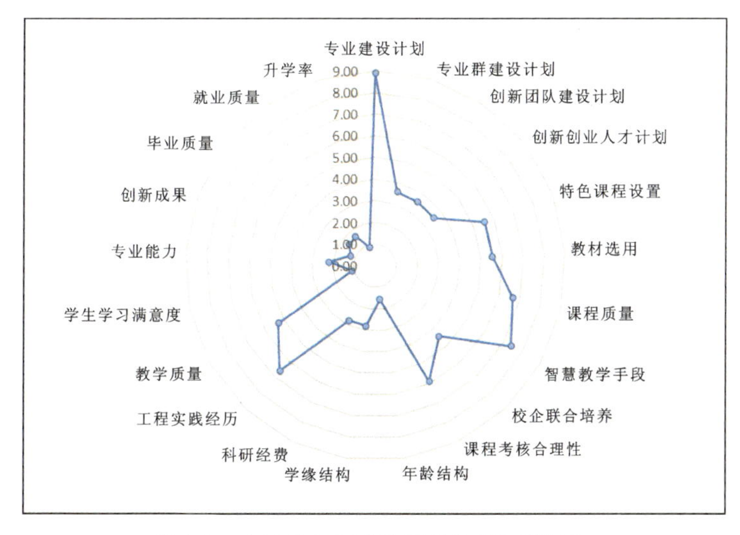

图 9-9 大四学生权重计算的各指标项得分

图 9-8、图 9-9 显示，专业建设计划、课程质量、教材选用、特色课程设置和智慧教学手段是专业教师评价中得分贡献最大的 5 个指标；专业建设计划、智慧教学手段、课程质量、教师的工程实践经历和课程考核合理性是大四学生评价中得分贡献最大的 5 个指标。

第四节　提高地下工程人才培养质量的路径探索

“以评促建，以评促改”是提升人才培养质量的重要途径。通过培养质量的评价，找到工作中的短板，从各个层面提出有针对性的改进措施是人才培养质量评价的最终目标。通过地下工程人才培养质量外部评价和内部评价过程及结果，提出以下提升人才培养质量的路径探索。

一、外部评价过程中发现的问题及改进措施

在外部质量评价中，学生创新能力的“优秀＋良好”等级得分相对低。而创新是一个民族发展进步的灵魂精神，是一个国家兴旺发达的不竭动力，是保持经济持续健康稳定发展和社会和谐安定文明进步的重要基础。故创新能力是新工科人才培养的核心目标。为了培养大学生的创新意识和创新能力，持续进行以下改进工作。

1. 课程体系更新

在 2023 版的培养方案修订中，综合土木工程学科、信息学科、材料学科、机械学科等不同学科，设计了面向地下工程专业多学科交叉融合的课程体系以及相关的教学内容，以保障学生获得足够深广的知识，具有良好的视野，具备开展创新活动的知识结构等。

面向国家对人工智能、新一代信息技术与地球探测、资源勘查、生态环境交叉领域复合型高素质人才的需求，开辟了未来技术学院智慧地下空间方向，以人工智能、新一代信息技术与地球科学深度融合的人才培养为主要特色，制定了土木工程智慧地下空间方向的人才培养方案，培养学生品德高尚、基础厚实、专业精深、知行合一、“敢闯会闯”的复合型素质，具备创新创业能力和大团队协作精神，能够融合地球物理、智能地质探测、物联感知和数字孪生技术，培养未来地下工程智慧建造拔尖创新人才。

2. 增加实验室建设投入

2022年中央修购计划重点建设地下工程实验室，建成了集本科教育、创新创业与科研一体的地下空间工程施工全过程物理仿真教学实验室、凿岩爆破工程冲击动力效应实验室、城市地下空间环境调控与灾害防护实验室、地下管道力学与非开挖修复实验室和地下空间工程衬砌支护与注浆加固实验室5个高标准实验室。持续投入地下工程虚拟仿真实验室建设，在现有湖北省隧道施工虚拟仿真平台的基础上，补充设置基础虚拟仿真、设计虚拟仿真、施工虚拟仿真、管理虚拟仿真、创新虚拟仿真等相关功能模块，通过虚拟化仿真操作，模拟地下工程现场真实施工场景、设备和步骤，改变传统的灌输式教学模式，让学生自主参与相应的实验，培养学生专业实践能力和创新能力。

3. 建设系列化实践教学基地

与湖北地区地下工程相关设计单位和大型企业深度合作，开展产教融合人才培养探索。与中铁第四勘察设计院集团有限公司、中交第二公路勘察设计研究院有限公司、中铁十一局集团有限公司、武汉地铁集团、中建三局、中国一冶集团有限公司交通工程公司等多个地下工程相关单位联合共建产学研基地，签订了合作协议。与武汉市汉阳市政建设集团有限公司共建了“城市地下空间产业技术创新中心”，遵循“整合、共享、创新、服务”的宗旨，瞄准地下空间开发与利用行业的创新需求，解决行业共性关键技术难题。

4. 加强本科生导师在学生培养中的作用

为建立新型的师生关系，实现因材施教和个性化培养，自2019年起，中国地质大学（武汉）工程学院建立本科生导师制，推行至2019级之后全院所有专业本科生。导师职责包括为学生提供专业上的导向性和指导性服务；帮助学生准确理解学校的专业人才培养方案，制定学习和能力培养计划以及将来的职业生涯规划；指导学生开展社会实践和科研活动，有意识地培养学生的科研兴趣、科研能力、创新创业能力。

二、内部评价过程中发现的问题及改进措施

1. 人才培养系列计划

人才培养系列计划准则层包括专业建设计划、专业群建设计划、创新团队建设计划和创新创业人才计划4个指标，只有专业建设计划指标的等级达到1级，其他指标均未达到1级。故其他计划还需要根据实际情况进行修订，达到老师

和同学们认可的优秀级别。

2. 课程体系

课程体系准则层包括特色课程设置、教材选用和课程质量3个指标。其中特色课程设置指标和教材选用指标达到1级，课程质量指标只达到3级，即一流课程太少，故在地下工程专业5年发展规划中，将一流课程建设作为重点工作之一，推出了地下工程的核心课程建设成省级一流课程的时间表。

3. 教学方法

教学方法准则层包括智慧教学手段、校企联合培养和课程考核合理性3个指标。其中智慧教学手段指标达到1级，课程考核合理性指标达到2级，而校企联合培养指标只达到3级，说明毕业设计选题和过程中企业导师参与度严重不够。企业导师参与毕业设计选题和指导工作制度的落地非常迫切，故本项工作也成为地下工程专业今后的重点工作之一。

4. 师资队伍

师资队伍准则层包括年龄结构、学缘结构、科研经费、工程实践经历和教学质量5个指标。除工程实践经历指标达到1级外，其余指标均为2级。师资队伍建设是一项长期的工作，需要学校层面、学院层面的政策和措施进行持续不断的改进。

5. 在校生质量

在校生质量准则层包括学生学习满意度、专业能力、创新成果、毕业质量、就业质量和升学率6个二级指标。除毕业质量指标达到1级，就业质量指标只达到3级外，其余指标均为2级。其中就业质量指标受学生第二次考研影响较大，比如2022届城市地下空间工程专业1个班的学生，一次性就业率只有73%，未就业人中27%均为第二次考研的学生。提高学生在学校的学习体验需要学校层面、学院层面、系层面的政策和措施，以及所有老师的参与。

主要参考文献

杜瑞军.标准之思—对高等教育质量内涵的审视[J].上海教育评估研究，2021,10(1):12-16.

林健.新工科人才培养质量通用标准研制[J].高等工程教育研究,2020,3:5-16.

刘志宏.高校建筑类专业建设及人才培养质量评价体系研究—以中韩高校建筑类专业为例[J].大学教育,2022(1):124-128.

余小波.高等教育质量概念:内涵与外延.高教发展与评估[J].2005,21(6):46-49.

周应国,孙小梅.高等工程教育人才培养质量评价体系构建——国际专业认证背景下的思考[J].大学教育,2019(5):144-147.